NANOTECNOLOGIA EXPERIMENTAL

Blucher

HENRIQUE E. TOMA
DELMÁRCIO GOMES DA SILVA
ULISSES CONDOMITTI

NANOTECNOLOGIA EXPERIMENTAL

Nanotecnologia experimental

Editora Edgard Blücher Ltda.

Imagem da capa: Dr. Sergio Toma

Blucher

Rua Pedroso Alvarenga, 1245, 4º andar
04531-934 – São Paulo – SP – Brasil
Tel.: 55 11 3078-5366
contato@blucher.com.br
www.blucher.com.br

Segundo o Novo Acordo Ortográfico, conforme 5. ed. do *Vocabulário Ortográfico da Língua Portuguesa*, Academia Brasileira de Letras, março de 2009.

Dados Internacionais de Catalogação na Publicação (CIP)
Angélica Ilacqua CRB-8/7057

Toma, Henrique E.
Nanotecnologia experimental / Henrique E. Toma, Delmárcio Gomes da Silva, Ulisses Condomitti. – São Paulo: Blucher, 2016.
168 p.: il., color.

ISBN 978-85-212-1066-5

1. Nanotecnologia 2. Nanociência I. Título II. Silva, Delmárcio Gomes da III. Condomitti, Ulisses

16-0404 CDD 620.5

Índice para catálogo sistemático:
1. Nanotecnologia

PREFÁCIO

Um convite para ingressar no mundo nano

Conceitualmente, o mundo nanométrico, por lidar com a escala atômica, está muito distante de nossos olhos. Por isso, sua percepção geralmente exige microscópios avançados e outras ferramentas sofisticadas, existentes apenas em laboratórios especializados e bem equipados. Entretanto, muitas das características nanométricas podem ser captadas e trabalhadas de forma intuitiva, mediante observação direta de fenômenos e interpretação com base nos conhecimentos da nanotecnologia. Assim, é perfeitamente possível buscar e revelar na prática os fundamentos da nanotecnologia, abrindo perspectivas interessantes a partir da ampliação do conhecimento, do despertar da imaginação e do estímulo à criatividade e à inovação.

Esse é o objetivo deste livro, que foi concebido para exercitar os princípios da nanotecnologia, utilizando materiais e instrumentos simples, disponíveis em qualquer laboratório e até no ambiente doméstico. Ao conhecer o mundo nano, você terá uma nova compreensão da natureza das cores e das características dos materiais e como vêm sendo exploradas para gerar facilidades. São exemplos aqueles dispositivos incríveis que nos acompanham dia e noite e deixam nossos amigos cada vez mais próximos.

Apresentamos este livro em uma linguagem didática e bastante simples. Ele é baseado em uma obra de referência intitulada *Nanotecnologia molecular – materiais e dispositivos*, publicada em 2016, também pela editora Blucher. Esperamos que a leitura estimule a prática desta ciência em todos os níveis, pois ela, sem dúvida, vai mudar o futuro da humanidade.

Finalmente, gostaríamos de agradecer à Gislayne Kelmer pela preciosa ajuda na revisão do texto e à Milena Varallo, em nome de todo o corpo técnico da editora, pelo primoroso trabalho de editoração.

Os autores

CONTEÚDO

CAPÍTULO 1

O MUNDO NANO

"Enxergando" o mundo nano: espalhamento de luz

Em 1871, quando estudava o movimento das geleiras, **John Tyndall** observou o efeito de espalhamento de luz, que recebeu seu nome e passou a ser conhecido como **efeito Tyndall**. Trata-se de um teste bastante simples para caracterizar uma suspensão coloidal, já que os coloides são formados por partículas muito pequenas, não podendo ser identificadas a olho nu. Por essa razão, os coloides parecem constituir sistemas realmente homogêneos. Entretanto, essas partículas de tamanho nanométrico espalham a luz com eficiência (Figura 1.1), permitindo visualizar sua trajetória dentro de um fluido. Esse espalhamento pode ser executado facilmente, pois basta direcionar o feixe de luz de um apontador *laser* para o líquido.

Se é possível observar o feixe no interior do sistema, estamos lidando com um coloide, caso contrário, estamos diante de um sistema homogêneo. Neste último caso, as partículas possuem tamanho inferior a **1 nm**, ao passo que nos sistemas coloidais o tamanho das partículas varia de **1 a algumas centenas de nanômetros**.

A seguir, exploramos o efeito Tyndall para avaliar alguns sistemas coloidais presentes em nosso cotidiano.

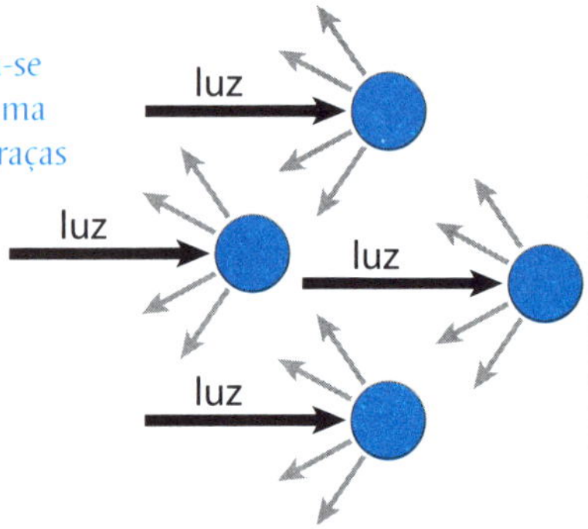

Figura 1.1
O feixe do *laser* torna-se visível ao atravessar uma suspensão coloidal, graças ao espalhamento de luz pelas partículas dispersas (efeito Tyndall).

Experimento 1.1 (nível básico) – Verificando a natureza coloidal no cotidiano por meio do efeito Tyndall

Objetivo

Nesta prática, vamos utilizar o efeito Tyndall para revelar que alguns sistemas presentes em nosso cotidiano são coloides e possuem partículas com dimensões nanométricas dispersas em um meio.

Equipamentos e reagentes

- Apontador *laser*
- Sulfato de cobre(II) – $CuSO_4{\cdot}5H_2O$
- Leite, gelatina
- Suco de envelope
- Farinha de trigo

Procedimento

Inicialmente, prepare a solução de sulfato de cobre. Usando uma espátula, adicione uma pequena massa de sulfato de cobre a 10 mL de água. Não é necessário ter uma concentração definida, pois o teste do efeito Tyndall é qualitativo. Transfira 5 mL dessa solução para um tubo de ensaio. Em seguida, escolha uma das amostras sugeridas – gelatina, suco de envelope e farinha de trigo –, prepare-a e transfira 5 mL para um tubo de ensaio.

Agora, em uma sala escura, direcione o feixe do apontador *laser* de maneira que a luz atravesse o tubo de ensaio com a solução de sulfato de cobre. Faça o mesmo com o outro tubo de ensaio com a amostra selecionada anteriormente. Analise o que acontece e interprete as diferenças observadas.

Conversando com o leitor

Para sua segurança, ao usar o laser pointer, *nunca aponte o feixe na direção dos olhos. No Apêndice 1 deste livro, há mais instruções de segurança.*

Por meio deste experimento simples, é possível entender a diferença entre uma solução e uma suspensão coloidal. Como você explicaria essa diferença? Faça uma pesquisa e conheça os diferentes tipos de suspensões coloidais que existem a sua volta e que utiliza diariamente.

Fica a pergunta: será que o efeito Tyndall também pode ser observado na atmosfera? Nos próximos experimentos, após realizar sínteses de nanopartículas, você utilizará este teste para confirmar a presença delas na atmosfera.

A cor nano ou a cor inexistente

Israel Pedrosa, um importante pintor e artista plástico brasileiro, escreveu um livro com um título estranho: *Da cor à cor inexistente*. Geralmente, as cores estão associadas a substâncias químicas, como pigmentos e corantes que encontramos nos materiais e, principalmente, nas tintas. Entretanto, mesmo na ausência dessas substâncias, muitos materiais podem se apresentar fortemente coloridos, geralmente com um aspecto iridescente. É o caso da asa da borboleta, das pedras de opala e das rochas *peacock* (pavão) multicoloridas. Na realidade, são cores físicas, originadas do fenômeno de difração da luz, regido pela **lei de Bragg**, mostrada na equação a seguir:

$$n\lambda = 2d\,\text{sen}\,\theta \qquad (1.1)$$

Quando a luz incide sobre planos atômicos repetitivos, separados por uma distância (d) e coincidentes (ou múltiplos) com os comprimentos de onda da região do visível (400 nm a 760 nm), ela só vai emergir da superfície se essa condição for satisfeita. Em outras palavras, o comprimento de onda λ da luz emergente deve ser múltiplo da distância interplanar, o que dá origem à cor que antes não existia. Se não houver multiplicidade, a luz será extinta em razão da interferência destrutiva entre as ondas eletromagnéticas. Além disso, as cores variam de acordo com o ângulo de observação, como aponta a lei de Bragg. Esse efeito especial é conhecido como **dicroísmo**.

As asas das borboletas possuem nanoestruturas que são responsáveis pelas cores iridescentes observadas, como vemos na Figura 1.2.

Figura 1.2
As asas da borboleta contêm nanoestruturas regulares geradas pelas fibras orgânicas que difratam a luz e criam cores nano. A aplicação de uma gota de álcool ou de outro solvente provoca uma mudança local da cor em virtude da expansão das distâncias entre as nanoestruturas.

Por conta do fenômeno da difração, muitos materiais em nanoescala, depositados camada sobre camada, podem apresentar propriedades ópticas do tipo nano. Por isso, filmes finos e transparentes, com espessuras na ordem de algumas centenas de nanômetros, são capazes de difratar as ondas de luz, gerando o fenômeno de cores inexistentes, como apresentado na Figura 1.3.

Finas camadas de óxido metálico, formadas sobre titânio, aço inoxidável, níquel, crômio e nióbio, podem dar origem a cores nano. Isso tem sido explorado em objetos de arte e até na fabricação de joias e bijuterias. As bolhas de sabão e seus filmes em água ou em uma camada de ar entre superfícies de vidro podem apresentar um espectro de cores envolvendo a interação de camadas moleculares incolores com a luz branca.

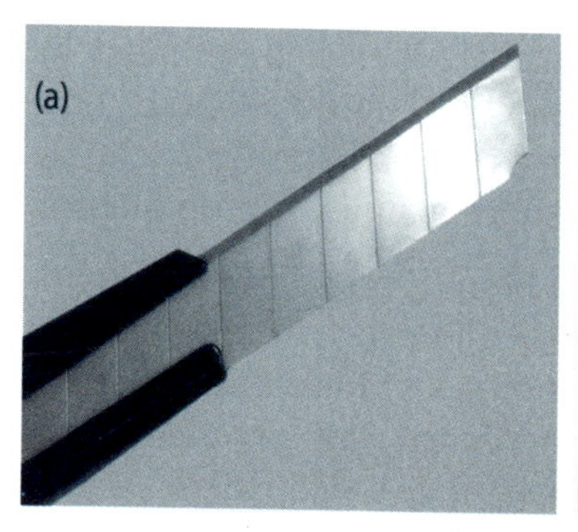

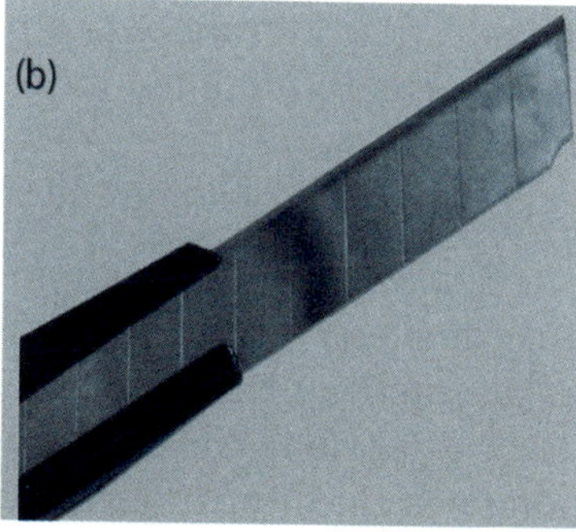

Figura 1.3
Comparação entre a lâmina de um estilete novo (a) e a mesma lâmina, com tonalidades azuladas, após ser exposta a uma chama em atmosfera oxidante (b), o que gerou um nanofilme de óxido metálico na superfície e alterou sua cor.

Experimento 1.2 (nível básico) – Cores nano em filmes metálicos e na asa da borboleta

Objetivo

Neste experimento, vamos verificar a formação de filmes com espessura nanométrica sobre a superfície dos metais. Também vamos observar a mudança de cor na asa de uma borboleta alterando as distâncias interplanares em suas nanoestruturas organizadas.

Equipamentos e reagentes

- Objeto metálico
- Pinça de madeira
- Bico de Bunsen, maçarico ou isqueiro

Procedimento

Selecione algum objeto metálico para realizar o experimento. Sugerimos um estilete de aço inoxidável, grampos ou lâmina de barbear.

Com auxílio de uma pinça de madeira, leve o objeto metálico selecionado até chama de um bico de Bunsen, maçarico ou isqueiro. Posicione o objeto na parte mais quente da chama (região azul), pois ali não ocorre emissão de partículas de fuligem que vão mascarar o experimento. Mantenha o objeto sob aquecimento até observar mudança de coloração em sua superfície. Depois, com cuidado para não se queimar nem se cortar, retire o objeto da chama e deixe esfriar. Geralmente é possível notar uma mudança na cor do objeto metálico na região onde houve contato com a chama. Essa mudança de cor é resultado da formação de nanofilmes de óxido metálico sobre a superfície do objeto.

Segure o objeto e, girando bem devagar, mude seu ângulo de observação em relação à superfície. Tente observar as alterações nas cores do filme de óxido metálico formado na superfície. Essa alteração ocorre em virtude dos fenômenos de interferência construtiva e destrutiva da luz, já discutidos, provando que essa cor é de natureza física (difração) e não envolve pigmento colorido sobre o metal. Como mencionado, filmes finos e transparentes com espessuras nanométricas são capazes de difratar as ondas de luz e gerar o fenômeno de cores inexistentes.

Caso tenha acesso a uma asa colorida de borboleta, você poderá observar as variações de tonalidade ao aplicar uma gota de um solvente sobre sua superfície. O solvente provoca maior separação das distâncias interplanares das nanoestruturas da asa, alterando seu padrão de difração da luz, segundo a lei de Bragg. Consequentemente, a cor da asa é alterada.

Conversando com o leitor

Para evitar acidentes, tenha cuidado com o aquecimento da chama e a manipulação das lâminas.

Com base nas cores observadas neste experimento, faça uma pesquisa e encontre a faixa de comprimento de onda da luz visível correspondente à cor observada. Ela fornecerá as distâncias que separam as várias camadas atômicas existentes, com a correção angular por meio da lei de Bragg (caso você possua uma forma de estimar o ângulo da medida). Imagine um quadro construído com um material parecido com o da asa da borboleta. Nele, seria possível desenhar com canetas de álcool ou outro solvente volátil, gerando imagens voláteis com tonalidades múltiplas.

Tensão superficial

Você sabe que um líquido colocado em um copo forma uma interface bem nítida com o ar. É assim que percebemos quando o copo está cheio ou vazio. Da mesma forma, uma gota fica esférica quando está solta no ar, como acontece com uma bolha de sabão. No ambiente sem gravidade das estações orbitais, as gotas são esféricas. A forma da gota e a existência de interfaces são controladas por uma força chamada **tensão superficial**. A origem dessa tensão está nas forças de coesão existentes entre as moléculas.

Os surfactantes ou compostos anfifílicos são capazes de reduzir a tensão superficial da água de forma bastante expressiva, mesmo em quantidades muito baixas ($< 0{,}01$ mol L^{-1}). Uma característica comum dos surfactantes é a presença de um grupo funcional polar ou ionizado, formando a cabeça, e de uma cadeia alifática relativamente longa (C_6 a C_{20}), formando a cauda.

Surfactantes insolúveis em água podem ser aplicados sobre a superfície do líquido a partir da deposição de uma solução diluída em solvente orgânico volátil e deixada evaporar. Forma-se, assim, uma camada superficial de moléculas onde as cabeças polares ficam imersas na fase aquosa e as caudas ficam direcionadas para o ar. Essa camada pode ser transferida para uma lâmina por simples imersão, usando a técnica desenvolvida por Langmuir e Blodgett, em 1937. Trata-se de um recurso bastante usado na nanotecnologia para gerar estruturas de filmes automontados.

A tensão superficial tem influência direta na formação de interfaces líquido/ar, líquido/líquido e líquido/sólido, tratadas nos próximos experimentos.

Experimento 1.3 (nível básico) – Observação de um filme molecular e avaliação do tamanho de uma molécula usando uma régua

Objetivo

Neste experimento você vai observar a formação de um filme de ácido esteárico ou de ácido oleico sobre a superfície da água. Depois, vai medir a área ocupada por esse filme com uma régua e avaliar seu volume a partir da quantidade do composto e de sua densidade. Com base na área e no volume, pode ser avaliada a altura do filme, que corresponde ao tamanho da molécula.

Equipamentos e reagentes

- Cuba de vidro (ou prato) com 40 cm de diâmetro, de preferência
- Licopódio, talco ou qualquer particulado leve e insolúvel em água
- Ácido esteárico – $CH_3(CH_2)_{16}COOH$ (284,48 g mol^{-1}; densidade = 0,85 g mL^{-1})
- Ácido oleico – $CH_3(CH_2)_7(CH{=}CH)(CH_2)_7COOH$ (282,47 g mol^{-1}; densidade = 0,87 g mL^{-1})
- Seringa de insulina de 1 mL

Procedimento

Inicialmente, prepare uma solução contendo 0,10 g de ácido esteárico ou oleico em 50 mL de etanol (2 g L^{-1}). Encha uma seringa de insulina com essa solução e conte o número de gotas contido em dado volume (por exemplo, 0,50 mL). Dessa forma, calcule o volume de uma gota, V_i. Conhecendo a concentração, é possível calcular a massa (m) de ácido esteárico ou oleico presente em cada gota. Sabendo a densidade do composto (d = m/V), você pode calcular o volume V ocupado por ele. A Figura 1.4 ilustra essa relação. Prepare a cuba com água e borrife o pó finamente dividido de licopódio ou talco sobre a superfície. Deposite uma gota da solução de ácido esteárico no centro da cuba e observe a formação de um círculo bem delineado pelo pó depositado. Com uma régua, meça o diâmetro desse filme circular e, depois, equacione o cálculo do volume $V = \text{área} \times \text{altura} = \pi r^2 \cdot h$. Esse volume é o mesmo calculado para o ácido esteárico/oleico presente na gota. Dessa forma, é possível calcular o valor de h, ou seja, o comprimento da molécula.

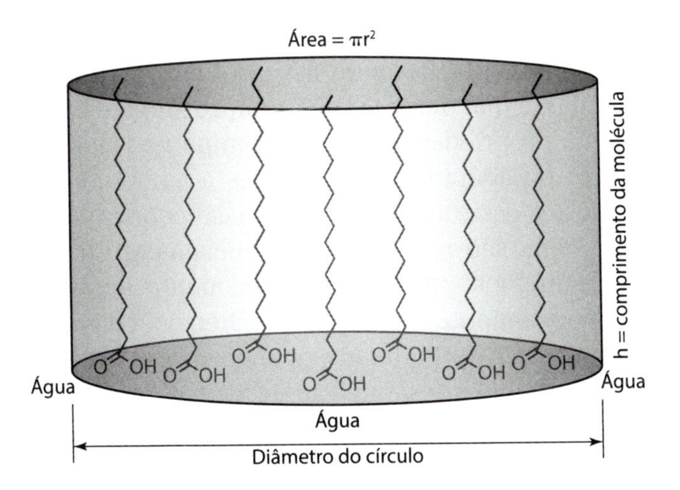

Figura 1.4
Modelo experimental utilizado neste procedimento mostrando a organização de moléculas de ácido esteárico sobre a superfície da água.

Conversando com o leitor

Este experimento não apresenta riscos e é muito interessante pela sua simplicidade. Pode ser executado em qualquer nível para ilustrar a formação de filmes, a ação de um surfactante e o significado da tensão superficial. Ele permite avaliar uma dimensão nanométrica utilizando uma simples régua.

Uma variação interessante é colocar uma minigota de óleo ou petróleo sobre uma superfície de água. Ela fica quase imperceptível visualmente, mas, com algum esforço, pode ser observada pelas nuances da reflexão da superfície. Em seguida, ponha uma minigota de surfactante fora da região da mancha de óleo – por exemplo, próximo da parede do recipiente – e observe o que acontece. Formule uma explicação para esse experimento.

De plantas que não molham a tecidos e janelas autolimpantes: o efeito lótus

Lótus (*Nelumbo nucifera*) é uma planta conhecida por seu cultivo ornamental em jardins aquáticos de templos religiosos, simbolizando pureza espiritual e renascimento. Essa espécie vegetal amanhece com suas folhas recobertas por gotículas cintilantes, que se movem ao sopro do vento. O mais interessante é que as folhas “não se molham”, ou seja, são extremamente hidrofóbicas. As gotículas de água deslizam livremente, levando as partículas de sujeira em seu caminho, o que deixa a folha sempre limpa e brilhante. Essa é uma propriedade bastante comum no reino vegetal e faz parte da adaptação das plantas a ambientes empoeirados ou excessivamente úmidos. Isso ocorre porque as folhas do lótus são revestidas superficialmente por nanocristais de lipídios, substâncias tipicamente hidrofóbicas. Esse comportamento que ficou conhecido como **efeito lótus** vem sendo reproduzido pelos cientistas para obter materiais autolimpantes, que vão desde tecidos a vidros de janelas e equipamentos utilizados em estações de telefonia celular.

Uma forma de quantificar a hidrofobicidade de uma superfície é por meio de um **goniômetro**, instrumento que mede o ângulo de contato estático da gota de um líquido com uma superfície em estudo (Figura 1.5). Esse ângulo pode ser associado a parâmetros termodinâmicos relacionados à adesão superficial.

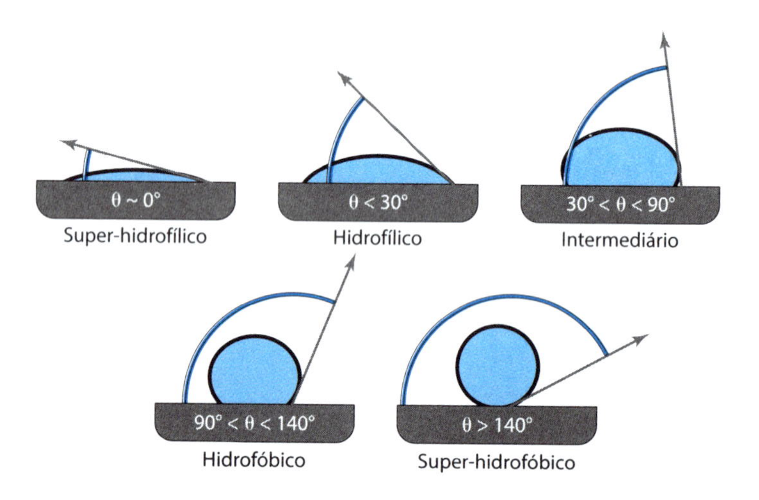

Figura 1.5 Medidas do ângulo de contato estático e relação entre os ângulos observados e a molhabilidade do material. Essa molhabilidade é governada pelas forças de adesão entre as moléculas do líquido e a superfície.

Quanto maior o valor desse ângulo, menos susceptível ou favorável é a interação da água com a superfície. Em outras palavras, quanto maior o ângulo de contato estático de um material, menos "molhável" ele é. Como vimos na Figura 1.5, o valor do ângulo de contato de uma gota de água aderida a uma superfície revela a natureza hidrofílica ou hidrofóbica do material que a compõe. São consideradas as seguintes classificações de molhabilidade:

- superfície super-hidrofílica: ângulos de contato muito baixos (~0°);
- superfície hidrofílica: ângulos de contato estático que variam desde baixos valores até 30°;
- superfície intermediária: ângulos variam entre 30° e 90°;
- superfície hidrofóbica: ângulos assumem valores maiores que 90° e menores que 140°;
- superfície super-hidrofóbica: ângulos de contato estático superiores a 140°.

Em geral, a super-hidrofobicidade é obtida por meio de nanomateriais organizados na superfície, como as nanopilosidades encontradas nas plantas, que diminuem o contato e as forças de adesão da superfície com a gota depositada. No próximo experimento, você é convidado a preparar uma superfície super-hidrofóbica para visualizar o efeito lótus.

Experimento 1.4 (nível intermediário) – Preparação de monocamada hidrofóbica sobre uma superfície de prata e visualização do efeito lótus

Objetivo

Neste experimento de laboratório, vamos preparar inicialmente uma superfície de prata sobre a qual depositaremos uma monocamada, com espessura de algumas dezenas de nanômetros, de material hidrofóbico (octanotiol). A intenção é gerar uma superfície super-hidrofóbica que apresenta o efeito lótus.

Equipamentos e reagentes

- Lâmina de vidro de 10 cm
- Placa de Petri
- Microtubos
- Solução de glicose – $C_6H_{12}O_6$ (180,16 g mol^{-1})
- Nitrato de prata – $AgNO_3$ (168,89 g mol^{-1})
- Hidróxido de potássio – KOH (56,11 g mol^{-1})
- Hidróxido de amônio – NH_4OH
- Octanotiol – $C_8H_{17}SH$ (146,29 g mol^{-1})
- Etanol absoluto
- Água destilada

Procedimento

Para a solução de prata amoniacal, utilize um microtubo (*eppendorf*) para preparar 1 mL de uma solução de nitrato de prata 0,1 mol L^{-1}. Em seguida, adicione uma gota de amônia concentrada e 0,5 mL de uma solução de KOH 0,8 mol L^{-1}. O precipitado escuro formado deve ser tratado com microgotas de amônia concentrada até sua completa dissolução.

Para a solução de glicose, em um microtubo, prepare 1 mL de uma solução 0,5 mol L^{-1} de glicose em água. Obtenha a solução octanotiol adicionando, em um microtubo, 1 mL de etanol absoluto e, em seguida, três gotas de octanotiol. É possível usar outro reagente (tiol) de cadeia longa.

Certifique-se de que a lâmina de vidro esteja bem limpa. Coloque-a em uma placa de Petri e deposite sobre sua superfície oito gotas da solução de glicose 0,5 mol L^{-1}. A seguir, adicione cerca de trinta gotas da solução de prata amoniacal. Agite suavemente a lâmina durante alguns minutos, até que seja observada a deposição de um filme sobre a superfície. Lave com água até que um espelho de prata fique visível. Por fim, lave o espelho de prata com água destilada e espere secar, sem tocar na superfície. Caso prefira, pode utilizar um secador de cabelos para acelerar o processo.

Divida a placa em duas regiões. Essa divisão pode ser feita de forma imaginária ou com uma fita fina, pois o que pretendemos é otimizar o experimento e minimizar o consumo de reagentes. Deposite em uma metade da placa algumas gotas da solução de octanotiol em etanol. Após a evaporação do etanol, forma-se uma monocamada de octanotiol na superfície dessa metade da placa, onde os átomos de enxofre estão complexados à prata e sua cadeia carbônica (hidrofóbica) está voltada para o exterior, conforme mostrado na Figura 1.6.

Coloque a placa em cima de uma superfície bem plana e deposite uma gota ou mais de água sobre a metade da superfície que foi funcionalizada com octanotiol. Faça o mesmo na outra metade da placa e observe o resultado. Atente-se para a diferença no formato das gotas de água ao interagir com cada região/superfície da placa. A Figura 1.6 ilustra o modelo da superfície super-hidrofóbica produzida.

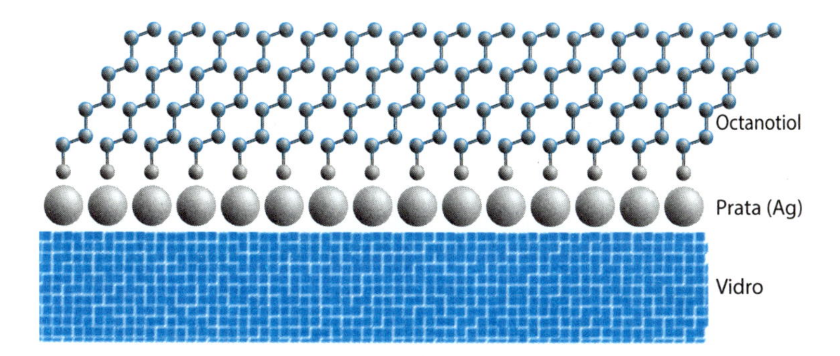

Figura 1.6
Modelo representativo da superfície super-hidrofóbica preparada neste experimento. Vemos a organização das moléculas de octanotiol sobre a camada de prata depositada no substrato.

Conversando com o leitor

Para sua segurança, use uma capela de exaustão para manusear o octanotiol e a amônia concentrada e observe as normas gerais descritas no Apêndice 1.

Você pode medir o ângulo de contato da gota de água sobre as duas superfícies geradas neste experimento. Para isso, projete com uma lanterna ou outra fonte de luz direcional a sombra da gota usando como tela um papel milimetrado; em seguida, faça as devidas marcações. Avalie o ângulo formado pela reta tangente próxima à gota, conforme mostrado na Figura 1.5.

Experimento 1.5 (nível básico) – Preparação de um coloide não newtoniano

Objetivos

Neste experimento, vamos preparar uma massa ou suspensão coloidal condensada que se comporta como um fluido não newtoniano, quando exposta a perturbações externas.

Equipamentos e reagentes

- Amido de milho comercial
- Água
- Recipiente de 500 mL
- Bastão de vidro
- Bacia ou recipiente de plástico

Procedimento

Este experimento é muito simples e curioso. Não oferece risco e pode ser realizado em ambiente doméstico. É importante realizá-lo em macroescala.

Em um recipiente de 500 mL, coloque amido de milho até a marca de 200 mL. Em seguida, adicione 100 mL de água. Com auxílio de um bastão, misture vagarosamente até obter uma massa de cor branca, homogênea e estável. Transfira essa mistura para uma bacia ou recipiente de plástico. Com a massa fluídica em repouso, golpeie rapidamente a superfície com as mãos e verifique a resposta do fluido. Depois, mais lentamente, repouse a palma da mão sobre a superfície e veja o comportamento do fluido.

Conversando com o leitor

Pesquise as diferenças de comportamento entre um fluido não newtoniano e um fluido comum. Tente correlacionar o desempenho do fluido preparado neste experimento com as forças intermoleculares, que são responsáveis pela tensão superficial do sistema. Você conseguiria imaginar ou propor uma aplicação para um fluido não newtoniano?

CAPÍTULO 2

MODELOS DE NANOESTRUTURAS DE CARBONO

Algumas descobertas estão tendo um impacto marcante na nanotecnologia, principalmente pelas suas propriedades mecânicas e elétricas diferenciadas. Podemos citar as nanoespécies de carbono, como os fullerenos, descobertos por Harold Kroto e Richard Smalley, em 1985 (prêmios Nobel em 1996); os nanotubos de carbono desvelados por Sumio Iijima, em 1991; o grafeno estudado por Constatin Novozelov e André Geim (prêmios Nobel em 2010).

As estruturas básicas dessas nanoformas de carbono derivam do grafeno, que, por sua vez, equivale a um plano simples de grafite, com ligações σ do tipo sp^2-sp^2 e ligações π deslocalizadas entre os anéis conjugados de carbono. A partir desse plano de anéis hexagonais, as várias unidades podem juntar-se, segundo orientações adequadas (Figura 2.1), para gerar bolas (fullerenos) ou nanotubos de carbono. De fato, de acordo com o direcionamento específico dos anéis hexagonais, é possível gerar configurações não equivalentes para os nanotubos, conhecidas como **cadeira**, **zigue-zague** e **quiral**.

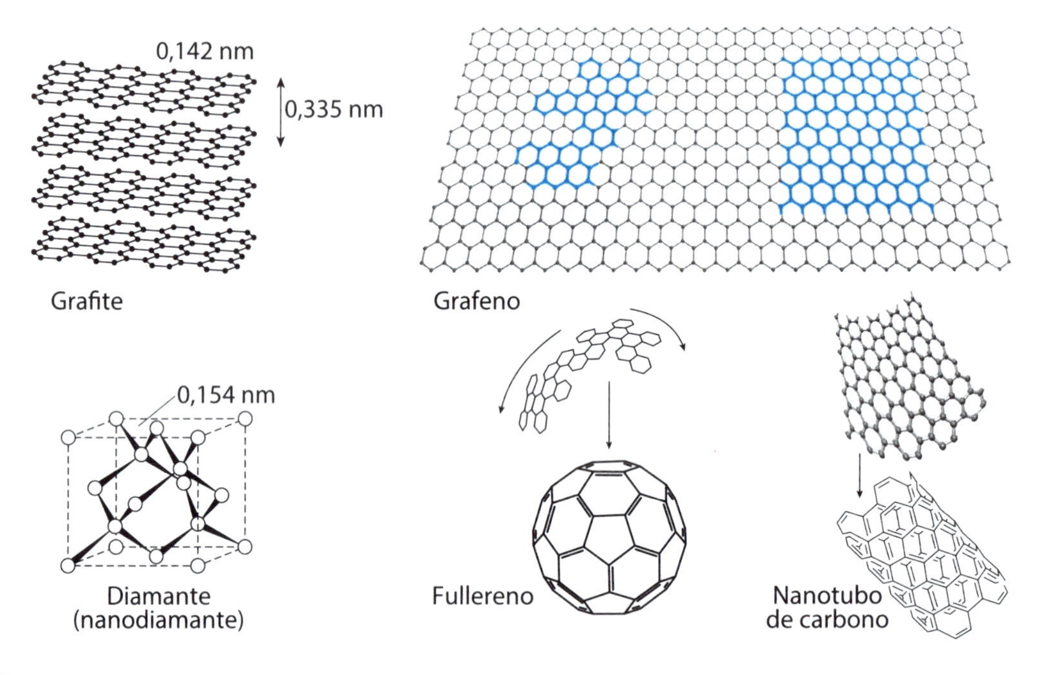

Figura 2.1
Formas alotrópicas clássicas (grafite e diamante) e nanométricas do carbono (grafeno, fullereno e nanotubos).

Uma molécula, mil possibilidades

Os fullerenos são formas alotrópicas esféricas do carbono, contendo entre 44 e 90 átomos. A forma mais popular apresenta 60 átomos de carbono e é constituída de hexágonos planos e pentágonos com um pequeno ângulo de curvatura, lembrando uma bola de futebol, como vemos na Figura 2.2.

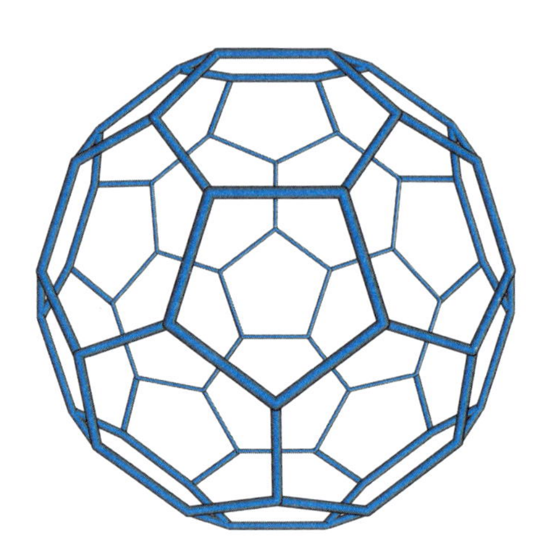

Figura 2.2
Modelo da estrutura do fullereno C60.

Os fullerenos são solúveis em solventes orgânicos e podem incorporar átomos e moléculas orgânicas em sua estrutura, gerando propriedades interessantes que podem ser utilizadas em dispositivos eletroquímicos, como baterias e capacitores, por exemplo. Uma possibilidade interessante, do ponto de vista econômico, é a conversão de fullereno em diamante por meio da aplicação de altas pressões em temperatura ambiente, sendo um processo menos dispendioso, energeticamente, do que o que utiliza grafite.

Um pouco da matemática dos fullerenos

Uma molécula de fullereno é um poliedro com átomos de carbono nos vértices, formado apenas por faces pentagonais e hexagonais. No século XVIII, um matemático suíço chamado **Leonhard Euler**, ao estudar as relações entre o número de arestas (A), vértices (V) e faces (F) de poliedros, chegou a uma interessante conclusão, sumarizada pela seguinte expressão:

$$F + V = A + 2 \tag{2.1}$$

Em um cubo, por exemplo, temos seis faces e oito vértices, portanto, podemos calcular o número de arestas: $6 + 8 = A + 2$, ou seja, $A = 12$. No caso dos fullerenos, cada átomo de carbono ocupa um vértice e está ligado a três outros por ligações sigma e pi, que, por sua vez, são compartilhadas por dois átomos. Desse modo, o número de vértices é igual a 2/3 do número de arestas, ou seja:

$$V = 2A/3 \tag{2.2}$$

Substituindo essa relação na Equação (2.1), temos:

$$F = A/3 + 2 \tag{2.3}$$

O número de faces em uma molécula fullerênica é representado pela expressão a seguir, em que F_P são as faces pentagonais e F_H são as faces hexagonais:

$$F = F_P + F_H \tag{2.4}$$

Assim, o número de arestas (ligações) fica dado por:

$$A = (5F_P + 6F_H)/2 \qquad (2.5)$$

Repare que o 2 no denominador corrige um problema na contagem. Como cada aresta é compartilhada entre duas faces, contamos cada aresta duas vezes. Assim, o resultado final deve ser dividido por 2.

Substituindo as equações 2.4 e 2.5 na Equação (2.3), encontramos simplesmente o número de pentágonos em uma molécula fullerênica:

$$F_P = 12$$

Isso significa que a lei de Euler não impõe restrição com relação ao número de hexágonos nas moléculas fullerênicas; entretanto, elas devem apresentar sempre doze pentágonos. É intrigante que um cálculo matemático tão simples possa prever a estrutura de algo tão pequeno! Usando as relações apontadas, é possível deduzir que o C_{540} possui 810 arestas e 272 faces (260 hexagonais e 12 pentagonais).

No caso do C_{60}, o fullereno mais famoso, cada pentágono está rodeado por um colar de cinco hexágonos. Se o número desses colares ao redor de cada pentágono for aumentado para dois, três ou mais, obtém-se uma família de fullerenos gigantes que começa com C_{240} e C_{540} – a família é dada por C^2_{60n}, em que n = 1, 2, 3 etc. Essas moléculas tornam-se menos esféricas à medida que o tamanho aumenta. O C_{60} possui 60 átomos (V = 60), e seu número de ligações (A) é 90. Assim, é fácil calcular o número de faces (F = 32) pentagonais e hexagonais desse material.

Propomos, então, ao leitor o desafio de executar o próximo experimento e montar uma estrutura em papel do fullereno. Em seguida, realize os cálculos usando as expressões fornecidas, para confirmar se o resultado encontrado (número de faces pentagonais e hexagonais) é coerente com o modelo que foi montado.

Experimento 2.1 (nível básico) – Construção de um modelo de fullereno em papel

Objetivo

Neste experimento, vamos construir um modelo tridimensional do fullereno C_{60} utilizando um molde em papel e a técnica de recorte e colagem.

Equipamentos e reagentes

- Modelo de fullereno em molde de papel. Você pode fazer uma cópia da Figura 2.3 que está em tamanho ampliado no Apêndice 3
- Tesoura e cola

Procedimento

A construção do modelo da molécula de fullereno em papel é muito simples. Faça uma cópia da Figura 2.3, que está reproduzida em tamanho maior no Apêndice 3. Recorte nos locais indicados pelas linhas pontilhadas. Em seguida, recorte completamente os hexágonos brancos que estão na parte interna da figura. Por fim, recorte todo o perímetro da imagem.

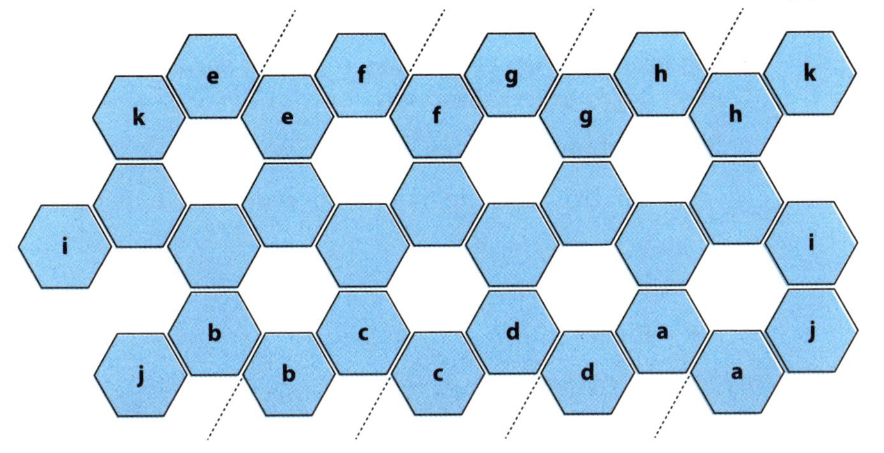

Figura 2.3
Molde para construção do modelo de fullereno em papel.

A colagem pode ser feita sobrepondo e colando os hexágonos que estão marcados com as mesmas letras **a-a**, **b-b**, **c-c** e assim por diante. Não é necessária uma ordem específica de sobreposição e colagem, pois a molécula final será sempre a mesma. Nessa etapa, você perceberá o surgimento de pentágonos e, continuando o processo, notará a estrutura do fullereno sendo formada a cada etapa de colagem.

Conversando com o leitor

Procure conhecer um pouco mais sobre aplicações tecnológicas do fullereno e promessas de uso desse curioso nanomaterial. Conte o número de faces hexagonais e pentagonais de seu modelo de fullereno e verifique se esses números satisfazem as condições matemáticas (equação de Euler) explicadas na introdução deste capítulo.

Experimento 2.2 (nível intermediário) – Levitação magnética de folhas de grafeno

Objetivo

Neste experimento, vamos observar um material levitando em temperatura ambiente graças ao efeito do diamagnetismo.

Equipamentos e reagentes

Estes produtos são comerciais e podem ser adquiridos de fornecedores especializados:

- Carbono pirolítico
- Quatro ímãs de neodímio redondos e pequenos (0,5 cm)
- Estilete
- Pinça

Procedimento

Este experimento requer que os quatros ímãs estejam geometricamente dispostos (Figura 2.4), pois essa conformação otimiza o campo magnético resultante sobre a superfície. Recomendamos usar um suporte que não seja constituído de material ferromagnético. Nota: uma moeda de cobre de 5 centavos é uma boa opção. Pode-se também colar os quatro imãs com fita dupla face sobre uma superfície plástica ou de vidro.

Figura 2.4
Disposição dos quatro ímãs redondos sobre uma moeda.

Em seguida, use um estilete afiado para retirar cuidadosamente a menor fatia possível de uma amostra de carbono pirolítico. É bem simples remover uma camada desse material. Utilize uma pinça para posicionar a fatia retirada do carbono pirolítico sobre os quatros ímãs. Você vai encontrar o ponto correto quando o pedaço de carbono começar a levitar sem tocar os ímãs nem o suporte, como vemos na Figura 2.5.

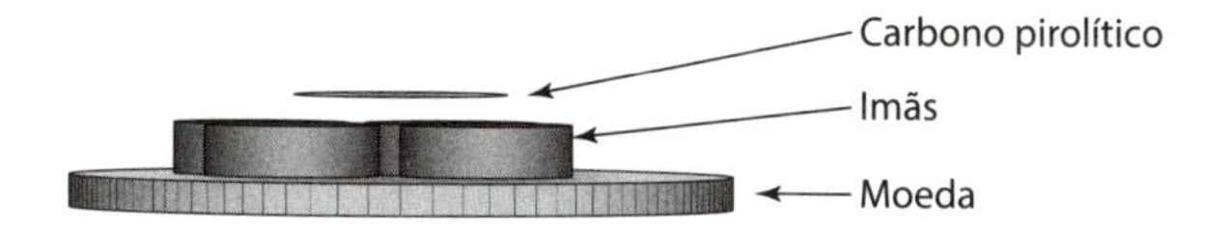

Figura 2.5
Montagem experimental com fatia de carbono pirolítico flutuando sobre um campo magnético originado por quatro ímãs dispostos sobre uma moeda.

Conversando com o leitor

Para sua segurança, evite aproximar ímãs de neodímio de telefones celulares, pen drives *ou outros dispositivos que armazenam dados magneticamente.*

O carbono pirolítico apresenta planos de carbono grafítico bem formados, os quais podem ser destacados com facilidade com uma simples lâmina de barbear ou fita adesiva. Foi dessa forma que o grafeno foi isolado e estudado no laboratório pela primeira vez. As folhas de grafeno extraídas do carbono pirolítico devem ser guardadas para uso futuro em novas demonstrações ou experimentos.

Este experimento deve ter despertado sua curiosidade sobre o comportamento magnético dos materiais. Pesquise a respeito e você vai descobrir que existem materiais diamagnéticos, paramagnéticos, ferromagnéticos, ferrimagnéticos e antiferromagnéticos. Alguns experimentos nos capítulos seguintes vão destacar essas propriedades.

CAPÍTULO 3

NANOPARTÍCULAS PLASMÔNICAS: COBRE, PRATA E OURO

A escala nanométrica pode revelar propriedades diferentes daquelas apresentadas pelos materiais macroscópicos e microscópicos. Uma dessas propriedades é a **cor**. A prata, por exemplo, apresenta uma cor metálica característica no estado macroscópico e é negra quando microparticulada; entretanto, na forma de nanopartículas, torna-se amarelo-clara e adquire tons de verde quando começa a agregar.

De fato, cobre, prata e ouro, apresentam elétrons relativamente "soltos" na última camada e isso os torna os melhores condutores elétricos conhecidos. Na forma nanométrica, as partículas são bem menores que o comprimento de onda da luz. Assim, os elétrons interagem coletivamente com o campo elétrico oscilante da luz, gerando impulsos que se propagam como ondas, denominadas **plasmônicas**. Os elétrons oscilantes levam a uma separação de carga superficial e criam um dipolo elétrico que pode entrar em ressonância com a radiação eletromagnética, o que resulta em um fenômeno simultâneo de absorção e espalhamento de luz. Isso dá origem a um espectro de extinção, que pode ser medido em qualquer espectrofotômetro convencional – a extinção engloba a absorção e o espalhamento da luz. O máximo da banda espectral corresponde à condição de ressonância plasmônica e é característico da natureza da nanopartícula metálica, bem como de sua dimensão, geometria e estado de agregação.

A ressonância plasmônica também dá origem a efeitos inusitados, conhecidos como **espalhamento Raman** intensificado por superfície ou *Surface Enhanced Raman Scattering* (SERS), que tem proporcionado aplicações importantes ao sensoriamento químico e biológico e a procedimentos médicos conhecidos como **hipertermia**, que já vêm sendo utilizados na medicina moderna.[1]

Prata coloidal

É possível preparar nanopartículas de prata no laboratório de vários modos. Uma maneira comum é a redução de sais de prata com boro-hidreto de sódio. Nesse método, utiliza-se nitrato de prata como precursor, íons boro-hidreto como agente redutor e íons citrato como estabilizantes de superfície. A reação envolvida é:

$$2AgNO_3 + 2NaBH_4 \rightarrow 2Ag^{\circ} + H_2 + B_2H_6 + 2NaNO_3 \qquad (3.1)$$

Os reagentes empregados na síntese devem estar isentos de íons cloreto para evitar a precipitação de AgCl. O espectro UV-Vis de uma suspensão de nanopartículas de prata apresenta uma banda típica próxima a 400 nm, conforme observamos na Figura 3.1.

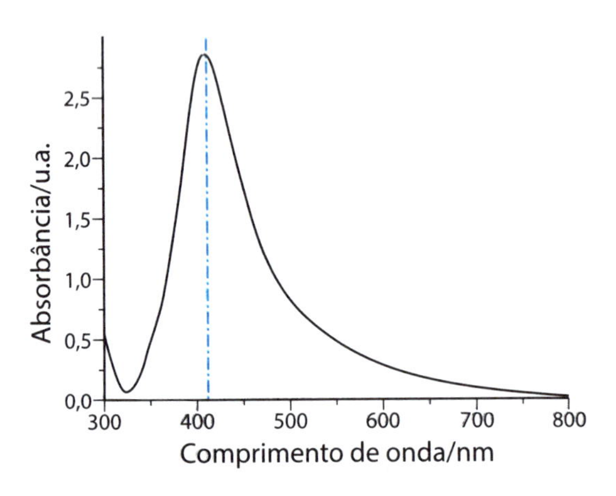

Figura 3.1 Espectro de absorção no UV-Vis de uma suspensão de nanopartículas de prata em água.

[1] Para mais detalhes, consulte o livro: TOMA, H. E. **Nanotecnologia molecular**: materiais e dispositivos. São Paulo: Blucher, 2016. (Coleção de Química Conceitual, v. 6).

No caso da prata coloidal, a ressonância plasmônica produz um pico geralmente próximo a 400 nm. Porém, o comprimento de onda de máxima absorção varia com o tamanho das nanopartículas, fornecendo um método para estimar os tamanhos médios das partículas produzidas no laboratório.

A estabilidade dessa suspensão de prata coloidal é proporcionada pelos íons citrato, cujos grupos carboxílicos interagem com a superfície da partícula e, ao mesmo tempo, aumentam a repulsão eletrostática com as partículas adjacentes, evitando o fenômeno de agregação. O excesso de íons boro-hidreto, usados como agentes redutores, também pode ficar adsorvido na superfície, o que gera uma camada eletrostática (negativa) na superfície das partículas e contribui para sua estabilização, conforme vemos na Figura 3.2. Além dos redutores fortes, como boro-hidreto de sódio, também existe a possibilidade de usar outros materiais de baixo custo.

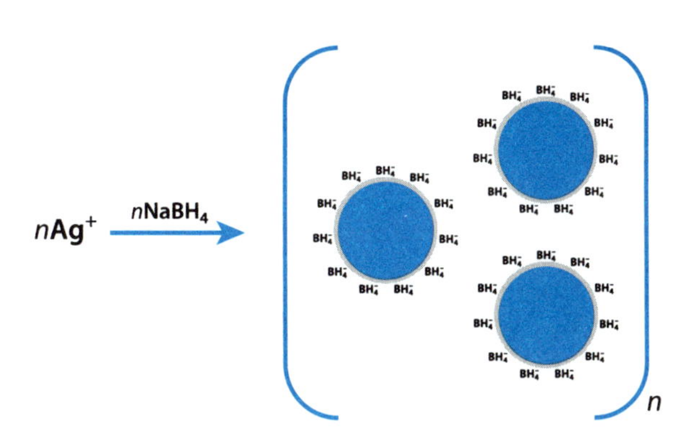

Figura 3.2
Síntese de nanopartículas de prata por meio da reação de redução de íons Ag^+ com boro-hidreto de sódio (Equação (3.1)). O boro-hidreto também atua na estabilização eletrostática das nanopartículas.

As nanopartículas de prata despertam interesse especial na área acadêmica e tecnológica em virtude de suas propriedades bactericidas e plasmônicas. A seguir, apresentamos uma metodologia tradicional e uma rota alternativa para produção de nanopartículas de prata.

Experimento 3.1 (nível avançado) – Síntese de nanopartículas de prata pelo método do boro-hidreto

Objetivo

Neste procedimento, vamos sintetizar nanopartículas de prata por meio de um método simples e rápido que utiliza o íon boro-hidreto como agente redutor.

Equipamentos e reagentes

- Nitrato de prata – $AgNO_3$ (169,87 g mol^{-1})
- Boro-hidreto de sódio – $NaBH_4$ (37,83 g mol^{-1})
- Solução aquosa de ácido nítrico – HNO_3, 1 mol L^{-1}
- Água destilada
- Erlenmeyer de 250 mL
- Tubo de ensaio
- Pipeta

Procedimento

Antes de iniciar o experimento, é recomendável lavar toda vidraria, isto é, o erlenmeyer de 250 mL, o tubo de ensaio e a pipeta, com uma solução de ácido nítrico 1 mol L^{-1}. O material pode ser deixado de molho em uma cuba de 5 a 10 minutos. Ao final, lave tudo com água destilada por duas vezes ou mais. Esse procedimento permite remover matéria orgânica e outros contaminantes presentes no meio ambiente que podem ficar aderidos à superfície, prejudicando a síntese.

Inicialmente, prepare as soluções que serão usadas no experimento. Para preparar a solução de boro-hidreto de sódio, dissolva 2 mg de $NaBH_4$ em 10 mL de água destilada. Prepare a solução de nitrato de prata dissolvendo 17 mg de nitrato de prata em 100 mL de água destilada; depois, transfira para o erlenmeyer. Com as soluções preparadas, retire uma alíquota (aproximadamente 10 mL) da solução de nitrato de prata e coloque no tubo de ensaio. Em seguida, adicione três gotas da solução de boro-hidreto de sódio. O líquido vai adquirir uma coloração amarelo-escura.

Coloque o erlenmeyer sob agitação vigorosa (agitação manual ou magnética) e, na sequência, transfira a solução do tubo de ensaio para o erlenmeyer (mantenha a agitação por 5 minutos). Esse procedimento prévio, executado no tubo de ensaio, tem como objetivo criar "germens de nucleação" para formação das nanopartículas, permitindo melhor controle do processo de crescimento e distribuição final de tamanhos. Ao final, deve ser observada uma coloração levemente amarelada.

Para reduzir toda a prata, adicione, gota a gota, a solução de boro-hidreto de sódio ao erlenmeyer. Tente observar a mudança de coloração para amarelo mais intenso. Geralmente, as nanopartículas de prata (Ag) sintetizadas por meio desse método apresentam um diâmetro médio de 20 nm. Esteja atento, já que esse ponto é crítico: caso adicione muito boro-hidreto, a solução fica verde e depois forma um espelho de prata na parede do frasco, comprometendo a síntese.

Conversando com o leitor

No Apêndice 1, você encontra informações importantes para sua segurança no laboratório e aprende a lidar com descartes.

Com este método, podemos observar a formação de nanopartículas de prata de coloração amarela. A cor das nanopartículas é resultante de fenômenos de ressonância plasmônica de superfície. Pesquise sobre esse assunto e procure entender como o tamanho médio das nanopartículas influencia a cor observada. Lembre-se ainda que a distribuição de tamanhos é influenciada pela metodologia de síntese. O que você esperaria se a solução de boro-hidreto de sódio fosse adicionada diretamente ao erlenmeyer contendo a solução de nitrato de prata? Como a agitação influencia o processo? Para entender isso, pesquise a respeito do processo de nucleação e crescimento de nanopartículas.

Experimento 3.2 (nível básico) – Síntese de nanopartículas de prata utilizando comprimido efervescente de vitamina C

Objetivo

Nesta prática, vamos sintetizar nanopartículas de prata utilizando um comprimido efervescente de vitamina C como agente redutor.

Equipamentos e reagentes

- Nitrato de prata – $AgNO_3$ (169,87 g mol^{-1})
- Comprimido efervescente de vitamina C (encontrado em comércios)
- Solução aquosa de HNO_3 1 mol L^{-1}
- Água destilada
- Tubo de ensaio
- Pinça
- Lamparina ou bico de Bunsen

Procedimento

Coloque toda vidraria na solução de ácido nítrico 1 mol L^{-1} e deixe de molho por 10 minutos. Em seguida, prepare as seguintes soluções de nitrato de prata e de vitamina C. Para preparar a solução de nitrato de prata, dissolva 1 mg de $AgNO_3$ em 10 mL de água destilada. Faça a solução de vitamina C dissolvendo um comprimido efervescente da vitamina em 200 mL de água.

Transfira 5 mL da solução de nitrato de prata para o tubo de ensaio. Prenda firmemente o tubo com uma pinça e aqueça-o cuidadosamente com o auxílio de uma lamparina ou bico de Bunsen. Espere a solução entrar em ebulição. Procure evitar a projeção do líquido durante o aquecimento. Ao entrar em ebulição, adicione algumas gotas da solução de vitamina C e observe a mudança de cor do líquido, que fica amarelado, indicando a formação de nanopartículas de prata.

Conversando com o leitor

Para sua segurança, ao aquecer um líquido em um bico de Bunsen, tome cuidado para não o projetar para fora do tubo de ensaio. Descarte corretamente o resíduo de nanopartículas de prata. No Apêndice 1, você encontra mais dicas importantes para sua segurança no laboratório.

Você conhece a estrutura da vitamina C? Qual é a história associada ao ácido ascórbico, seu nome alternativo? O ácido ascórbico em solução aquosa é facilmente oxidável e, por isso, é considerado um excelente antioxidante. Isso significa que protege a oxidação de espécies químicas, principalmente espécies reativas do oxigênio (radicais superóxido, peróxido de hidrogênio e hidroxil) em função de seu próprio sacrifício. Analisando sua estrutura, pesquise a reação de oxidação desse agente redutor. Ele tem grande importância nos sistemas bioquímicos, farmacológicos e eletroquímicos, no processamento de alimentos e, como vimos, como agente redutor na produção de nanopartículas de prata. Existe algum motivo para usar um comprimido efervescente de vitamina C? Uma dica: a efervescência provém da liberação de gás carbônico por conta da reação de bicarbonato de sódio e ácido cítrico ou tartárico colocados com a vitamina C.

Ouro coloidal

Como já mencionado, a cor de um material varia fortemente quando está na dimensão nanométrica, como é o caso da prata coloidal amarela. O ouro torna-se vermelho-intenso quando o diâmetro de suas partículas está em torno de algumas dezenas de nanômetros. Essas cores estão associadas ao fenômeno de ressonância plasmônica que, por sua vez, está relacionado ao tamanho da nanopartícula.

A relação entre cor e tamanho é um bom indicativo para avaliar se as nanopartículas metálicas estão se agregando, pois a perda de estabilidade, em razão do aumento de tamanho, promove uma mudança na coloração do sistema. Essa agregação ocorre quando a estabilização não é feita corretamente durante a síntese, mas pode ser induzida por meio de ligantes que interagem com a superfície da partícula, deslocando o agente estabilizante ou atuando como elo entre elas. Nos dois casos, a mudança de coloração é um indicador de agregação das nanopartículas. Do ponto de vista físico, a junção de duas ou mais nanopartículas esféricas provoca o acoplamento dos plasmons, o que gera oscilações no sentido vertical ou longitudinal. Surgem, assim, duas bandas eletrônicas no espectro, sendo que a de menor energia é um indicativo do acoplamento plasmônico ou da agregação das nanopartículas.

Nanopartículas de ouro podem interagir fortemente com moléculas contendo enxofre, por conta da forte ligação Au-S. Também interagem moderadamente com moléculas contendo nitrogênio, formando ligações Au-N. Esse fato é muito importante para as aplicações de nanopartículas de ouro em sistemas biológicos e tem sido aproveitado para diagnóstico de certas patologias, incluindo câncer.

A integração dos princípios da química verde à nanotecnologia é outra questão importante a ser considerada. Por isso, a utilização de rotas de síntese de nanomateriais que produzem menos resíduos e não utilizam solventes orgânicos nem agentes fortemente oxidantes/redutores sempre deve ser valorizada. Além disso, o uso de produtos naturais na síntese de nanomateriais vem despertando interesse como forma de desenvolvimento da "nanotecnologia verde".

Em geral, a síntese de nanopartículas de ouro envolve a redução de um complexo metálico em solução – precursor de ouro – por um agente redutor, seguida da estabilização das nanopartículas formadas para evitar sua aglomeração. A seguir, são apresentados alguns métodos convencionais e alternativos ("síntese verde") de como preparar ouro coloidal.

Experimento 3.3 (nível avançado) – Síntese de nanopartículas de ouro pelo método de Turkevich

Objetivo

Neste experimento, vamos sintetizar as incríveis nanopartículas de ouro, também conhecidas como "ouro vermelho". Para obter esse importante nanomaterial, usamos o método desenvolvido em 1951 por Turkevich e outros pesquisadores.[2] Essa rota é especial já que o citrato desempenha um duplo papel: é usado como agente redutor e suas moléculas presentes no meio reacional vão estabilizar as nanopartículas de ouro durante seu processo de nucleação e crescimento. Ao final, conhecemos o ouro vermelho e suas propriedades intrínsecas, como o **efeito plasmônico**.

Equipamentos e reagentes

- Ácido tetracloroáurico – $HAuCl_4$ (339,77 g mol^{-1})
- Citrato de sódio – $C_6H_5Na_3O_7$ (257,07 g mol^{-1})
- Água destilada
- Erlenmeyer
- Chapa de aquecimento com agitação magnética
- Termômetro

Procedimento

Para preparar a solução de ácido tetracloroáurico, dissolva 34 mg de $HAuCl_4$ em 100 mL de água destilada. Esse reagente é extremamente higroscópico e deve ser manipulado rapidamente, com habilidade, utilizando luvas plásticas descartáveis para evitar qualquer contato com a pele. Pode ser conveniente adaptar o volume em função da massa pesada, para que, no final, a concentração dessa solução seja 1×10^{-3} mol L^{-1}. Faça a solução de citrato de sódio dissolvendo, em um microtubo, 80 mg de $C_6H_5Na_3O_7$ em 1 mL de água destilada.

---

[2] Para mais detalhes, consulte o livro: TOMA, H. E. **Nanotecnologia molecular**: materiais e dispositivos. São Paulo: Blucher, 2016. (Coleção de Química Conceitual, v. 6).

Transfira a solução de ácido tetracloroáurico para um erlenmeyer e aqueça até 90 °C com uma chapa de aquecimento. Mantenha o sistema sob agitação magnética (em baixa rotação) monitorando com um termômetro, até atingir a temperatura indicada. Aumente a velocidade de agitação (vigorosa) e adicione, rapidamente, 1 mL da solução de citrato de sódio. Com a temperatura em 90 °C, mantenha o sistema sob agitação por 30 minutos.

Observe o aparecimento de coloração, que passa por diversos tons até chegar à solução final, que fica avermelhada. As nanopartículas de ouro estabilizadas com citrato sintetizadas por esse método, geralmente, apresentam tamanho médio de 25 nm.

Conversando com o leitor

Para sua segurança, tenha cuidado e atenção com o processo de aquecimento e com a manipulação do ácido tetracloroáurico, pois ele reage com a pele, deixando manchas vermelhas que persistem por vários dias.

O citrato desempenha um papel duplo na síntese, pois é o agente redutor e, ao mesmo tempo, suas moléculas atuam como agentes estabilizantes de superfície. Desenhe a fórmula estrutural do ânion citrato e use um círculo para representar a partícula de ouro. Depois, disponha geometricamente as moléculas de citrato ao redor da superfície e tente entender, por meio do desenho, como o citrato age como um estabilizante, evitando a agregação de interpartículas.

Experimento 3.4 (nível avançado) – Síntese de nanopartículas de ouro pelo método de Brust

Objetivo

O método de Brust, introduzido em 1994, é um procedimento amplamente usado para preparação de nanopartículas de ouro com diâmetro inferior a 10 nm. Na execução deste experimento, há duas etapas longas: uma de 3 horas e outra de 4 horas. Considere esse tempo no planejamento.

Equipamentos e reagentes

- Ácido tetracloroáurico – $HAuCl_4$ (339,79 g mol^{-1}, muito higroscópico)
- Dodecanotiol – $CH_3(CH_2)_{11}SH$ (202,40 g mol^{-1})
- Boro-hidreto de sódio – $NaBH_4$ (37,83 g mol^{-1}) em tolueno
- Brometo de tetraoctilamônio (BTOA) – $[CH_3(CH_2)_7]_4N(Br)$ (548,81 g mol^{-1})
- Rotoevaporador
- Água destilada
- Etanol
- Tolueno
- Funil de separação de fases
- Erlenmeyer
- Balão de fundo redondo
- Béquer

Procedimento

Primeiro, prepare as soluções. Para preparar a solução aquosa de ácido tetracloroáurico, dissolva 34 mg de $HAuCl_4$ em 100 mL de água destilada, como já foi explicado no experimento anterior. Para a solução de brometo de tetraoctilamônio (BTOA) em tolueno, dissolva 930 mg de $[CH_3(CH_2)_7]_4N(Br)$ em 30 mL de tolueno. A Figura 3.3, apresenta a fórmula estrutural do brometo de tetraoctilamônio. A solução aquosa de boro-hidreto de sódio deve ser obtida dissolvendo 126 mg de $NaBH_4$ em 10 mL de água para obter uma solução final de, aproximadamente, 0,4 mol L^{-1}.

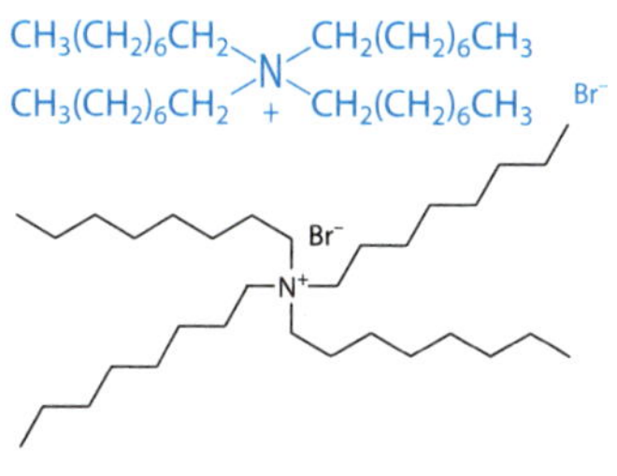

Figura 3.3
Fórmula estrutural e fórmula simplificada do brometo de tetraoctilamônio.

Para iniciar a síntese das nanopartículas de ouro, transfira 10 mL da solução aquosa de ácido tetracloroáurico para um funil de separação de fases de 125 mL; em seguida, acrescente 27 mL da solução de brometo de tetraoctilamônio em tolueno. Agite vigorosamente a mistura bifásica para que o complexo de tetracloridoaurato(III) seja transferido da fase aquosa para a fase orgânica. Essa transferência pode ser observada pela mudança de coloração das fases. Depois, adicione 57 mg de dodecanotiol ao funil e agite novamente. Transfira todo volume da mistura contida no funil para um erlenmeyer de 125 mL. Mantenha essa mistura sob agitação vigorosa (magnética ou mecânica). Lentamente, adicione a essa mistura, mantendo a agitação, 10 mL da solução aquosa de boro-hidreto de sódio (0,4 mol L^{-1}). Essa mistura final deve ser mantida sob agitação por 3 horas. Não é necessário aquecimento.

Após 3 horas, transfira novamente essa mistura para o funil de separação usado anteriormente e mantenha-o em repouso até a total separação das fases. Cuidadosamente, abra o funil e inicie a etapa de remoção da fase aquosa (fase mais densa), que deve ser descartada posteriormente. Recolha o máximo possível da fase aquosa. Em seguida, transfira o volume restante (fase orgânica) para um balão de fundo redondo adequado para o sistema de rotoevaporação. Rotoevapore o solvente orgânico (tolueno) até obter um volume aproximado de 4 mL dessa fase orgânica, que contém as nanopartículas de ouro.

Para remover o excesso de tiol (dodecanotiol) usado no procedimento, sugerimos adicionar, sucessivamente, quatro frações de 15 mL para lavar o balão, evitando perdas do material sintetizado. Transfira esse volume para um béquer (250 mL) e armazene-o em local escuro por 4 horas em temperatura ambiente. A adição de etanol promove a precipitação das nanopartículas de ouro. Após esse período, deve ser observado um precipitado de tom castanho-escuro. Filtre esse material (filtração comum) e use 8 mL de etanol para lavar novamente o precipitado – passe esse volume pelo sistema de filtragem. Em seguida, recolha o precipitado e transfira-o para um béquer. Use 4 mL de tolueno para dispersar as nanopartículas de ouro funcionalizadas com capa orgânica (dodecanotiol) – isto é, o produto esperado. Essa suspensão de nanopartículas de Au dispersas em tolueno pode ser armazenada em frasco de vidro para uso posterior e mantida em refrigeração para evitar a evaporação do tolueno.

Conversando com o leitor

Para sua segurança, realize o experimento em uma capela de exaustão por causa dos vapores dos solventes. Descarte corretamente os resíduos e lembre-se de ler as instruções no Apêndice 1 para sua segurança no laboratório.

Foi realizada a transferência do ouro(III) da fase aquosa para a orgânica. Partindo desse ponto, explique qual é a função do BTOA neste experimento. Atribuída a função a esse agente, represente esquematicamente a reação iônica que ocorre durante a transferência de fase. Ao final, foram sintetizadas nanopartículas de ouro funcionalizadas com dodecanotiol. Para compreender como ocorre essa funcionalização na superfície da partícula, faça um desenho que mostre como o tiol está coordenado ou ancorado à superfície do ouro.

Experimento 3.5 (nível intermediário) – "Síntese verde" de nanopartículas de ouro

Objetivo

Nesta prática, chamada "rota verde" de preparo de nanopartículas de ouro, vamos utilizar folhas de chá-preto para sintetizar esse nanomaterial. Realizado em temperatura ambiente, o processo usa os compostos fitoquímicos presentes no chá, como agentes redutores e agentes estabilizantes, que vão impedir a agregação das nanopartículas e, ao mesmo tempo, funcionalizá-las. Alguns desses agentes fitoquímicos presentes no chá-preto podem ser visualizados na Tabela 3.1.

Tabela 3.1 – Alguns fitoquímicos encontrados no chá-preto

Catequinas	Teafalvinas
Epicatequina	Teaflavina-3-galato
Epicatequina-3-galato	Teaflavina-30-galato
Epigalocatequina	Teaflavina-3,30-galato

Equipamentos e reagentes

- Ácido tetracloroáurico – $HAuCl_4$
- Porções de chá-preto
- Água destilada
- Almofariz e pistilo
- Béquer
- Papel de filtro

Procedimento

Para obter a solução aquosa de ácido tetracloroáurico, dissolva 34 mg de $HAuCl_4$ (339,79 g mol^{-1}) em 100 mL de água destilada (veja as observações anteriores). Prepare a solução aquosa de chá-preto usando almofariz e pistilo para macerar uma porção de chá-preto. Transfira esse material para um béquer e adicione 100 mL de água destilada; depois, agite essa mistura por 15 minutos (agitação magnética ou manual). Para maior eficiência de extração, use água preaquecida. Após o término desse processo, filtre a solução em papel-filtro para eliminar os pedaços de folhas.

Na próxima etapa, é possível projetar o experimento de acordo com o volume que é gasto para sintetizar as nanopartículas, ressaltando a importância de minimizar o volume final de material a ser descartado. Para sintetizar as nanopartículas, são necessários volumes iguais da solução aquosa de ouro e da solução aquosa de chá-preto. Então, o mesmo resultado é observado usando um tubo de ensaio ou um erlenmeyer.

Rota 1 (microescala): Em um microtubo, coloque 0,75 mL da solução aquosa de ácido tetracloroáurico e, na sequência, 0,75 mL da solução aquosa de chá-preto filtrada previamente. Após fechar, agite essa mistura e observe ao longo de 20 minutos. O aparecimento da cor vermelho-púrpura é indicativo da formação das nanopartículas de ouro.

Rota 2 (escala preparativa): Transfira 50 mL da solução aquosa de ácido tetracloroáurico para um erlenmeyer (250 mL) e, em seguida, adicione 50 mL de solução aquosa de chá-preto. Mantenha essa mistura sob agitação (magnética ou mecânica) por 30 minutos e observe a formação das nanopartículas.

Ao final, use o efeito Tyndall para confirmar a formação das nanopartículas de ouro. Observe que o tamanho das nanopartículas pode ser modulado variando a quantidade relativa de agente redutor (solução de chá-preto). Quanto maior a quantidade de chá, menor é o tamanho das partículas formadas. Isso pode ser confirmado comparando as colorações finais, de acordo com a proporção usada por cada grupo no laboratório, ou medindo o tamanho das partículas se houver alguma técnica/equipamento disponível para avaliar o diâmetro.

Conversando com o leitor

Para sua segurança, lembre-se de ler as instruções no Apêndice 1.

Realize uma pesquisa e conheça um pouco mais sobre catequinas e teaflavinas e analise sua estrutura química. Você seria capaz de relacionar essa estrutura com a formação das nanopartículas nesse experimento? Quais grupos funcionais são responsáveis pela ação redutora e pela função de estabilizar a superfície?

Ouro que muda de cor: agregação de nanopartículas

O fenômeno de agregação de nanopartículas de ouro é extremamente importante para o desenvolvimento de métodos que usam essas nanopartículas para diagnosticar patologias (nanobiotecnologia). A mudança de coloração observada nesse fenômeno é um bom indicativo para acompanhar as interações de biomoléculas com a superfície das nanopartículas de ouro. Essa alteração de cor ocorre em virtude do deslocamento da banda de ressonância plasmônica, que varia em função do tamanho das nanopartículas e, por isso, é explorado como um identificador do processo de agregação. Para mostrar o fenômeno de mudança de cor, quando se induz a agregação, utilizamos a 4-mercaptopiridina.

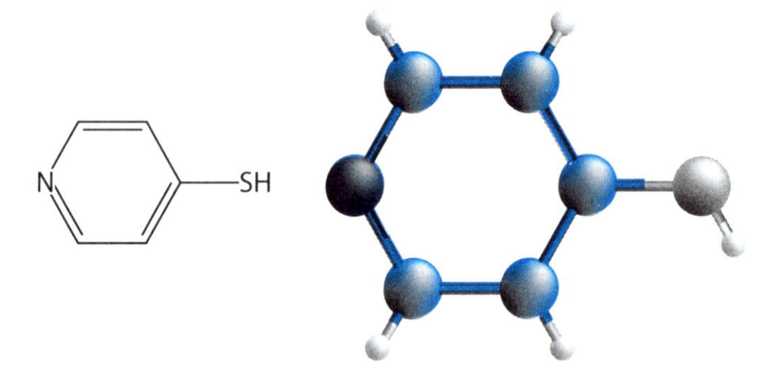

Figura 3.4
Fórmula estrutural e modelo representativo de bolas e bastões da 4-mercaptopiridina.

Essa molécula aromática possui dois grupos funcionais: o grupamento amina em uma extremidade e o sulfidrila na outra. A extremidade sulfidrila é capaz de ligar-se fortemente à superfície do ouro, deslocando os íons (citrato) adsorvidos na superfície, o que contribui para a desestabilização das nanopartículas em razão da diminuição da carga superficial que as mantinha estáveis. A outra extremidade possui o grupo funcional amina e também é capaz de interagir com outras nanopartículas de ouro, facilitando e/ou aumentando ainda mais a agregação, como vemos na Figura 3.5.

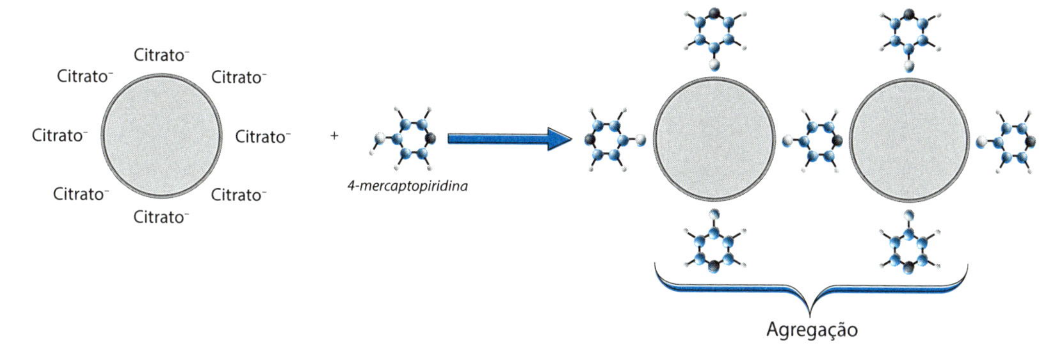

Figura 3.5
Agregação das nanopartículas de ouro induzidas pela adição de 4-mercaptopiridina, que se coordena com o ouro por meio do átomo de enxofre.

Assim, quando as nanopartículas de ouro são tratadas com 4-mercaptopiridina, o fenômeno de agregação é facilmente identificado pela mudança de coloração, que passa do vermelho-púrpura para azul.

Outra possibilidade de induzir a agregação das nanopartículas de ouro é aumentando a salinidade da suspensão com cloreto de sódio (NaCl). O aumento da força iônica desestabiliza as cargas superficiais que mantinham as nanopartículas estáveis, promovendo agregação (mudança na coloração) e sedimentação após certo tempo. O uso de um solvente, como o dimetilsulfóxido (DMSO), também pode provocar agregação de nanopartículas. Todas essas possibilidades de agregação e visualização do fenômeno de mudança de coloração são exploradas no próximo experimento.

Experimento 3.6 (nível intermediário) – Visualizando o fenômeno de agregação das nanopartículas de ouro

Objetivo

Neste procedimento experimental, vamos visualizar o processo de agregação das nanopartículas de ouro por meio da mudança de coloração da suspensão. Para isso, reutilizamos as suspensões de nanopartículas sintetizadas anteriormente. Podem ser usadas as suspensões obtidas pelo método de Turkevich ou pelo método da síntese verde. Todas essas suspensões estão em meio aquoso, requisito necessário para a realização desta prática.

Equipamentos e reagentes

- Suspensão aquosa de nanopartículas de ouro
- 4-mercaptopiridina – C_5H_5NS
- Dimetilsulfóxido (DMSO) – C_2H_6OS
- Cloreto de sódio – NaCl
- Água
- Microtubo

Procedimento

Em um microtubo, transfira 1 mL da suspensão aquosa de nanopartículas de ouro preparadas anteriormente. Em seguida, adicione uma gota de 4-mercaptopiridina e observe a mudança de coloração. Por se tratar de um teste qualitativo, não é necessário ter uma concentração definida de 4-mercaptopiridina, portanto, dissolva uma pequena massa desse composto em apenas 1 mL de água (recomenda-se o preparo em um pequeno tubo plástico – Eppendorf).

Em um outro microtubo, transfira 1 mL da suspensão aquosa de nanopartículas de ouro preparada anteriormente. Depois, adicione cinco gotas do solvente dimetilsulfóxido (DMSO) e observe a mudança de coloração. Por fim, promova a agregação das nanopartículas de ouro usando cloreto de sódio (NaCl). Para isso, transfira 1 mL da suspensão de nanopartículas de ouro para um microtubo, e na sequência, adicione um pouco de cloreto de sódio (sólido). Agite a mistura e observe a mudança de coloração.

Neste experimento, é possível usar um sachê de sal de cozinha.

Conversando com o leitor

Uma importante aplicação do deslocamento da banda de absorção com a agregação está no diagnóstico clínico. Anticorpos já vêm sendo ancorados na superfície da nanopartícula de ouro para identificar antígenos específicos, sinalizadores de uma doença ou patologia. Ao reconhecer esse antígeno, toda estrutura anticorpo-nanopartícula atua como sinalizador, que pode ser monitorado por diversas técnicas, como a espectroscopia Raman.

Cobre nanométrico

O cobre também está no grupo dos metais que apresentam ressonância plasmônica, como a prata e o ouro. Porém, ao contrário da prata e do ouro, as nanopartículas de cobre são facilmente oxidáveis em condição ambiente, exigindo recobrimento protetor orgânico ou inorgânico. É recomendável manter as nanopartículas sob atmosfera inerte (N_2) para garantir sua integridade. No próximo experimento, convidamos a sintetizar esse material, que é muito comum em nosso dia a dia, mas surpreendente quando está na escala nanométrica.

Experimento 3.7 (nível avançado) – Síntese de nanopartículas de cobre

Objetivo

Neste experimento, vamos sintetizar nanopartículas de cobre (Cu) por meio de uma mistura de água e acetonitrila. A função da acetonitrila (um solvente aprótico) é estabilizar a suspensão de nanopartículas por meio de sua coordenação na superfície das nanopartículas de cobre, protegendo-as da oxidação por íons OH^- e do oxigênio do ar.

A redução do cobre (formação das nanopartículas) é feita com boro-hidreto de sódio, um potente agente redutor, na razão molar de 6:1.

Equipamentos e reagentes

- Nitrato de cobre(II) tri-hidratado – $Cu(NO_3)_2 \cdot 3H_2O$ (241,60 g mol^{-1})
- Boro-hidreto de sódio – $NaBH_4$ (37,83 g mol^{-1})
- Acetonitrila – CH_3CN
- Metanol – CH_3OH
- Água destilada
- Kitassato de 250 mL e rolha para tampá-lo
- Mangueira e um tubo de vidro ou de plástico
- Agitador magnético
- Seringa

Procedimento

Inicialmente, prepare a solução de boro-hidreto de sódio, dissolvendo 7 mg de $NaBH_4$ em 10 mL de água destilada.

Para sintetizar as nanopartículas de cobre, é necessário montar um arranjo experimental para manter a reação sob atmosfera inerte (nitrogênio). Para isso, separe um kitassato de 250 mL e uma rolha para tampá-lo. Faça dois furos nessa rolha. A um dos furos, vamos conectar um tubo de vidro ou de plástico em uma mangueira para a passagem de nitrogênio; no outro furo, vamos inserir uma seringa que vai fazer a adição da solução de boro-hidreto de sódio. A saída lateral do frasco é destinada à saída de gás (N_2). A Figura 3.6 mostra esquematicamente esse arranjo experimental.

Dissolva em um kitassato 250 mg de nitrato de cobre(II) em 70 mL de acetonitrila e 30 mL de água destilada. Tampe o kitassato com a rolha de dois furos. Em um dos furos, instale a mangueira de entrada de nitrogênio. O equipamento deve ser posicionado sobre um agitador magnético, como vemos na Figura 3.6. Coloque essa mistura sob agitação (magnética). Carregue uma seringa com 8 mL de solução de boro-hidreto de sódio. Posicione a seringa em um dos furos e adicione, gota a gota, sob agitação vigorosa, a solução de $NaBH_4$. Faça isso até observar uma mudança de cor para vinho ou marrom. Deve ser adicionado de 2 mL a 8 mL da solução de $NaBH_4$.

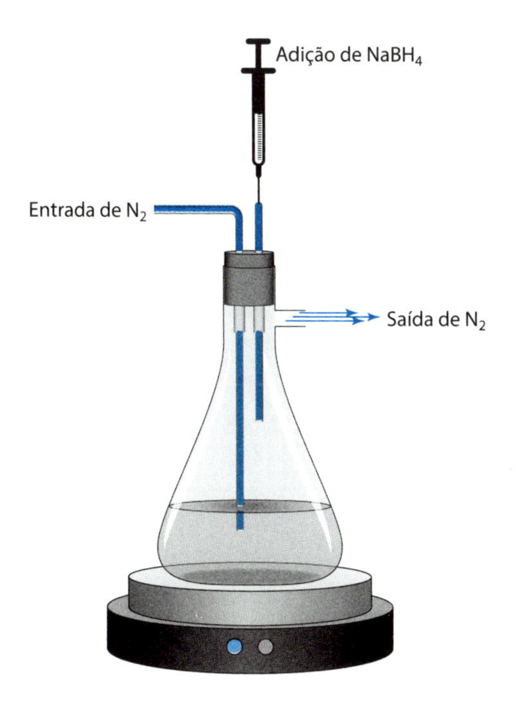

Figura 3.6
Montagem experimental para síntese de nanopartículas de Cu em atmosfera inerte. A injeção de gás nitrogênio expulsa o ar do interior do tubo e remove oxigênio, que é capaz de oxidar reagentes e produtos.

Depois, filtre a solução (filtração comum ou a vácuo) e lave o filtrado (nanopartículas de cobre) com pequenos volumes de metanol. Transfira o filtrado para um frasco adequado (vidro) e armazene o produto obtido em atmosfera inerte. Quando desejar, faça a dispersão das nanopartículas de cobre em água.

Geralmente, essa metodologia de síntese produz nanopartículas de Cu com um tamanho médio de 80 nm.

Conversando com o leitor

Para sua segurança, use óculos de proteção e realize o experimento em uma capela de exaustão. Cuidado especial deve ser dado ao metanol, que possui chama quase invisível e, por isso, deve ser mantido longe de fontes de calor. Ele também libera vapores que causam danos nos olhos.

Uma importante aplicação das nanopartículas de cobre está na área de catálise. Essa atividade catalítica é proveniente da natureza do metal, mas pode ser prejudicada se sua superfície for alterada quimicamente, como no caso de uma oxidação parcial da "casca" da partícula.

CAPÍTULO 4

NANOPARTÍCULAS DE TiO_2 e SiO_2

Um reforço na proteção solar

O dióxido de titânio (TiO_2) é um óxido polimorfo e possui três isomorfos principais: a **anatase** (tetragonal), o **rutilo** (tetragonal) e a **bruquita** (ortorrômbico). A anatase é a forma mais estável e a que é geralmente encontrada no mineral. Esse dióxido é um material atóxico e estável sob condições adversas como temperatura e pH. Suas propriedades semicondutoras e a baixa condutividade térmica o tornam um bom material refratário.

Quimicamente, o TiO_2 é um óxido anfótero, de caráter ligeiramente ácido e fotoestável, o que revela uma propriedade fotocatalítica que desperta grande interesse em imobilizá-lo em diversos substratos. Por essa razão, é usado em dispositivos químicos para as mais diversas aplicações. Além disso, em virtude de sua fotoatividade, o dióxido de titânio pode ser usado como agente bactericida e fungicida em utensílios hospitalares e na descontaminação de águas. Grande variedade de aplicação desse material pode ser vista nas indústrias de alimentos, cosméticos, protetores solares, produtos farmacêuticos, tintas, papéis e sensores de gases.

No experimento a seguir, o leitor está convidado a sintetizar nanopartículas de TiO_2 puras e, depois, na forma de nanopartículas mistas.

Experimento 4.1 (nível avançado) – Síntese de nanopartículas de dióxido de titânio (TiO_2)

Objetivo

Nesta prática, utilizamos o método de Pechini para sintetizar nanopartículas de TiO_2. Esse material, por ser atóxico e quimicamente inerte, vem sendo usado em várias aplicações industriais, como pigmento branco, sensor de gás, protetor de corrosão e células solares.

Equipamentos e reagentes

- Mufla
- Isopropóxido de titânio(IV) – $Ti(OCH(CH_3)_2)_4$ (284,22 g mol^{-1})
- Ácido cítrico mono-hidratado – $C_6H_8O_7 \cdot H_2O$ (210,12 g mol^{-1})
- Etileno glicol – $C_2H_6O_2$
- Balão de 250 mL
- Água destilada
- Manta de aquecimento elétrico
- Cápsula de porcelana ou refratário
- Almofariz de ágata

Procedimento

Transfira 135,3 mg (0,475 mmol) de isopropóxido de titânio(IV) para um balão de 250 mL, manuseando com cuidado já que é muito higroscópico. Adicione 100 mL de água destilada. Misture para homogeneizar a solução. Pese 300 mg (1,43 mmol) de ácido cítrico mono-hidratado e transfira para o balão. Observe que a proporção molar entre o ácido cítrico e o isopropóxido de titânio(IV) é de 3:1. Com auxílio de uma manta de aquecimento elétrico, leve a temperatura a 70 °C e mantenha por 15 minutos até observar a formação de uma solução límpida e estável de citrato de titânio.

Adicione 200 mg de etileno glicol ao produto formado no balão e, sob agitação, aqueça a 120 °C por 30 minutos. Essa etapa dá início à reação de polimerização, envolvendo a poliesterificação dos grupos carboxílicos do citrato de titânio com o etileno glicol (poliálcool). Ao final, deve ser formada uma resina límpida, bastante viscosa.

Transfira a resina para uma cápsula de porcelana ou outro recipiente refratário e calcine em uma mufla a uma temperatura de 400 °C. Mantenha o aquecimento por 1 hora nessas condições. A calcinação remove o material orgânico e os resíduos de água, gerando um produto branco. Use um almofariz de ágata para reduzir a granulometria do material e uma peneira em malha 200 (74 μm) para selecionar os tamanhos dos grãos do pó de TiO_2 sintetizado.

Conversando com o leitor

Para sua segurança, use óculos de proteção e realize o experimento em uma capela de exaustão. Procure ajuda de um profissional experiente (técnico de laboratório ou professor) para realizar o processo de calcinação em mufla. No Apêndice 1, você encontra mais informações sobre segurança no laboratório. Lembre-se de descartar corretamente os resíduos finais.

Observe que a síntese realizada em duas etapas apresenta duas mudanças nítidas e interessantes. Na primeira etapa, ao formar um citrato de titânio(IV), o aspecto da solução era líquida e límpida. Na segunda etapa, ocorreu a reação de poliesterificação, quando o etileno glicol foi adicionado, resultando em uma resina viscosa. Essas duas etapas apresentam o método de síntese conhecido como **sol-gel**. Um sol é uma dispersão coloidal de um sólido em um meio líquido ou gasoso, ou seja, o sol é um fluido. Se as partículas sólidas ou a matriz formam pontes entre si e geram alguma resistência mecânica (aumento de viscosidade), o sistema passa a ser denominado **gel**. Por essa rota, em determinado momento, é possível observar a transição do sistema sol para o sistema gel.

O desafio aqui é interpretar se essa transição ocorre em uma temperatura definida ou no exato momento em que os reagentes são misturados. Partindo da estrutura química do citrato de titânio e do etileno glicol, monte a reação química de poliesterificação, que é responsável por essa transição de fase e procure conhecer um pouco mais sobre sistemas coloidais do tipo sol-gel.

Conversando com o leitor *(continuação)*

A grande vantagem de formar essa resina polimérica (poliesterificação) durante a síntese é garantir a distribuição dos cátions por toda estrutura do polímero, conferindo grande homogeneidade ao pó obtido. Somada a isso, a viscosidade da resina contribui para evitar a segregação dos componentes na mistura da reação.

Experimento 4.2 (nível avançado) – Síntese de nanopartículas *core-shell* de dióxido de titânio e prata

Objetivo

Nesta prática, vamos sintetizar nanopartículas de dióxido de titânio revestidas com uma camada de prata. Essas nanopartículas mistas de prata/dióxido de titânio são sintetizadas com um agente redutor fraco: o ácido ascórbico. As nanopartículas de dióxido de titânio são usadas como molde para nucleação e crescimento da prata nanométrica durante a síntese.

O mais interessante na fabricação dessas nanopartículas mistas é que conjugam simultaneamente as propriedades de seus componentes. Por exemplo, como a prata possui atividade bactericida e o TiO_2 é conhecido como um bom agente de degradação de compostos orgânicos, essas duas propriedades somam-se nas nanopartículas mistas, aumentando sua capacidade de atuação como agente de remoção ou redução da carga microbiana.

Equipamentos e reagentes

- Nitrato de prata – $AgNO_3$ (169,87 g mol^{-1})
- Dióxido de titânio – TiO_2 (79,87 g mol^{-1}) – comercial na forma de nanopartículas (exemplo: Degussa P25)
- Ácido ascórbico – $C_6H_8O_6$ (176,12 g mol^{-1})
- Etanol

- Água destilada
- Erlenmeyer
- Agitador magnético ou mecânico

Procedimento

Inicialmente, prepare as soluções a serem usadas neste experimento. Para fazer a solução de nitrato de prata, dissolva 0,2 g de $AgNO_3$ em 25 mL de água destilada. Isso vai gerar uma concentração final de aproximadamente 0,05 mol L^{-1}. Prepare a solução de ácido ascórbico, dissolvendo 0,07 g desse ácido em 20 mL de água destilada, o que resulta em uma concentração final de aproximadamente 0,02 mol L^{-1}.

Transfira todo volume da solução de nitrato de prata para um erlenmeyer (250 mL) e adicione 25 mL de etanol. Usando um agitador magnético ou mecânico, mantenha o sistema sob agitação moderada. Em seguida, adicione 2 g de nanopartículas de dióxido de titânio (pode ser TiO_2 comercial "P25 Degussa" ou que tenha sido previamente sintetizado sem agentes estabilizantes de superfície). Mantenha a agitação por 30 minutos.

Após esse período, o agente redutor (ácido ascórbico) deve ser adicionado ao sistema. Para isso, aumente a velocidade de agitação (vigorosa), transfira rapidamente 20 mL da solução de ácido ascórbico 0,02 mol L^{-1} e observe a mudança de coloração da suspensão. Mantenha a agitação por 15 minutos para obter o produto esperado: nanopartículas mistas de TiO_2 recobertas com uma camada de prata. Essas nanopartículas são do tipo *core-shell* (núcleo--casca), conforme ilustrado na Figura 4.1.

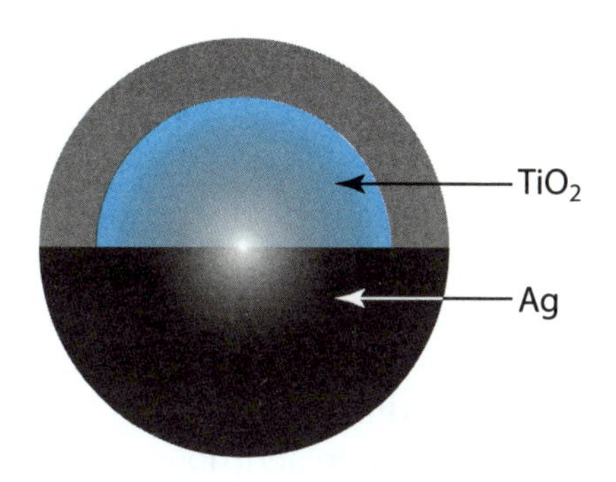

Figura 4.1
Modelo de nanopartículas *core-shell* sintetizadas neste experimento. As partículas possuem núcleos formados por TiO2 e a casca feita de Ag.

Para mais estabilidade e proteção da superfície, pode ser realizada uma terceira etapa, caso disponha de um agente estabilizante como a polivinilpirrolidona (PVP-40). Para isso, ao terminar de acrescentar a solução de ácido ascórbico, adicione 2 g de polivinilpirrolidona solubilizado em 10 mL de água. Esse material estabilizante garante maior durabilidade do material e evita aglomerações posteriores.

Conversando com o leitor

Para sua segurança, manipule com cuidado as nanopartículas de TiO_2*, evitando a inalação com o uso de uma máscara filtrante. Mais informações para sua segurança no laboratório podem ser encontradas no Apêndice 1. Lembre-se de descartar corretamente os resíduos finais.*

O fotocatalisador (TiO_2) apresenta bandas de valência (BV) e de condução (BC), separadas por uma região energética denominada de *band gap*. Esse valor representa a energia necessária para excitação de um elétron da banda de valência para banda de condução. O processo gera lacunas na banda de valência, com potenciais bastante positivos para permitir a oxidação de compostos orgânicos em sua superfície. Nesse ponto, convidamos o leitor a pesquisar um pouco mais sobre a estrutura eletrônica desse semicondutor (TiO_2), visando entender como ocorre o processo de fotocatálise e como as moléculas de água adsorvidas na superfície do TiO_2 têm um papel importante em todo esse processo.

Nanopartículas de sílica

As nanopartículas de sílica vêm sendo amplamente utilizadas em nanotecnologia como revestimento de materiais nanoestruturados. Por conta de sua biocompatibilidade, esse material tem sido aplicado na área biológica na liberação controlada de compostos (fármacos). O método mais conhecido de preparo de nanopartículas de sílica é o **método de Stöber**, que consiste em um processo sol-gel iniciado pela hidrólise do tetraetilortossilicato (TEOS) em um solvente orgânico com a adição controlada de água e catalisador (ácido ou base). Após a hidrólise, o composto sofre condensação em duas etapas, que levam a produtos de morfologias diferentes de acordo com o catalisador empregado. A Figura 4.2 exibe o processo de hidrólise e condensação via catálise ácida e a Figura 4.3 mostra o processo de formação das nanopartículas de sílica via catálise básica.

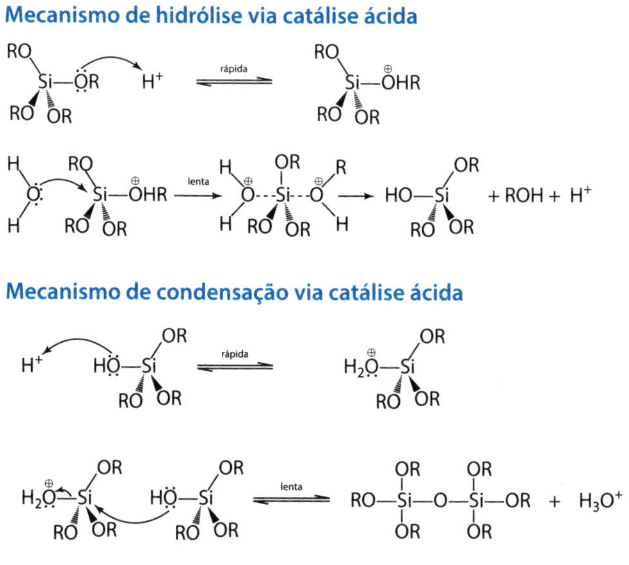

Mecanismo de hidrólise via catálise ácida

Mecanismo de condensação via catálise ácida

Figura 4.2
Mecanismo de hidrólise e condensação de silanos via catálise ácida.

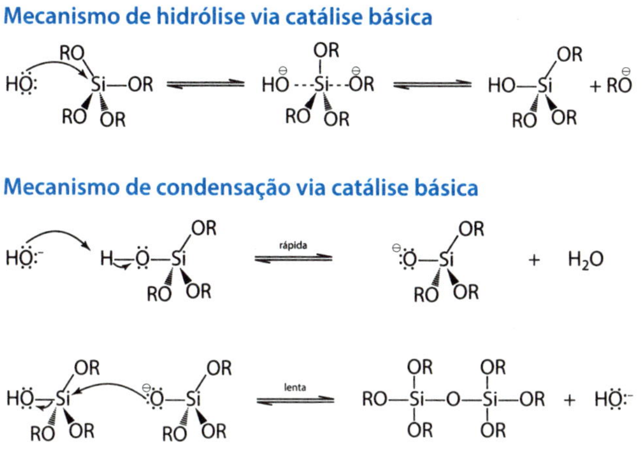

Mecanismo de hidrólise via catálise básica

Mecanismo de condensação via catálise básica

Figura 4.3
Mecanismo de hidrólise e condensação de silanos via catálise básica.

No próximo experimento, esse processo de hidrólise e condensação é empregado na formação das nanopartículas de sílica.

Experimento 4.3 (nível intermediário) – Síntese de nanopartículas de sílica pelo método de Stöber

Objetivo

Nesta prática, vamos sintetizar um coloide de nanopartículas de sílica (SiO_2) por meio do método de Stöber, desenvolvido em 1968. Esse material pode ser preparado por catálise ácida e por catálise básica. Neste roteiro, empregaremos a rota ácida usando ácido clorídrico (HCl).

Equipamentos e reagentes

- Tetraetilortossilicato (TEOS) – $SiC_8H_{20}O_4$
- Solução de ácido clorídrico (HCl) a 10%
- Etanol absoluto
- Béquer
- Água destilada
- Balão volumétrico
- Tubo de ensaio

Procedimento

Prepare uma solução aquosa de ácido clorídrico a 10%. Em um béquer, adicione 7 mL de água destilada e, em seguida, transfira aproximadamente 2,5 mL de ácido clorídrico concentrado (em geral 37%-38%). Lembre-se de adicionar o ácido sobre a água e tenha cuidado ao manusear ácidos concentrados. Caso não disponha de um balão volumétrico, prepare essa solução em um frasco de vidro com tampa e não se esqueça de colocar um rótulo no frasco para armazená-lo.

O procedimento de preparo das nanopartículas de sílica é muito simples. Primeiro, monte um arranjo experimental usando um balão de 250 mL. Acople a ele um sistema de agitação mecânica com haste, de preferência. Caso não disponha de um, use agitação magnética.

Transfira 100 mL de etanol absoluto para o balão (fundo redondo ou chato) e, na sequência, adicione 5 mL de TEOS,[1] mantendo o sistema sob agitação moderada. Em seguida, acrescente 1 mL de solução de HCl 10% e 3 mL de água destilada. Essa mistura deve ser mantida sob agitação por 1 hora para formação das nanopartículas de SiO_2. Ao final, recolha uma alíquota, transfira para um tubo de ensaio e verifique a formação das nanopartículas por meio do efeito Tyndall.

Caso queira isolar o material na forma de um sólido, use uma centrífuga para decantar as nanopartículas.

Conversando com o leitor

Para sua segurança, use luvas e uma capela de exaustão para manusear o ácido clorídrico concentrado. No Apêndice 1 você encontra informações para sua segurança no laboratório.

Os mecanismos mostrados nas Figuras 4.2 e 4.3 descrevem o processo de formação das nanopartículas de sílica. Para empregar a rota de catálise básica, quais reagentes deveriam ser usados ou alterados em relação à rota ácida? Com base nesses mecanismos, tente propor como o reagente tetraetilortossilicato (TEOS) sofre hidrólise quando exposto sem controle da umidade. Que tipos de espécie ele forma nessas condições?

[1] O TEOS é um ortossilicato orgânico e não pode ficar em contato com umidade por muito tempo. Em geral, os frascos vêm com um septo na tampa, portanto, utilize uma seringa para recolher o volume a ser usado. Desse modo, o reagente vai manter suas condições originais para uso posterior, evitando sua hidrólise.

CAPÍTULO 5

NANOPARTÍCULAS MAGNÉTICAS

Superparamagnetismo: resposta gigante a estímulos magnéticos

Na última década, nanomateriais magnéticos começaram a ser amplamente utilizados nas áreas de química, física e medicina, como agentes de contraste para ressonância magnética nuclear e nanoestruturas magnéticas para transporte controlado de fármacos. Também vêm despertando interesse em remediação ambiental com os absorventes magnéticos projetados com alta capacidade de retenção de metais e contaminantes.

O aspecto mais interessante dos nanomateriais magnéticos é o surgimento o superparamagnetismo. De maneira geral, um material superparamagnético responde fortemente à aplicação de um campo magnético, sendo atraído segundo suas linhas de campo. Entretanto, quando a aplicação desse campo cessa, o material, ao contrário dos ferromagnéticos, não retém magnetismo residual. É um fenômeno que ocorre em materiais nanoparticulados (1 nm a 120 nm) com elevado grau de cristalinidade.[1]

As propriedades das nanopartículas superparamagnéticas decorrem da formação de monodomínios magnéticos. Por isso, enquanto a magnetização de um material para-

---

[1] Para mais detalhes, consulte o livro: TOMA, H. E. **Nanotecnologia molecular**: materiais e dispositivos. São Paulo: Blucher, 2016. (Coleção de Química Conceitual, v. 6).

magnético é da ordem de 10^{-4} unidades eletromagnéticas (emu)/g, no caso dos materiais superparamagnéticos chega a atingir valores seis ordens de grandeza maiores. É importante ressaltar que novos fenômenos são observados no caso dos nanomateriais magnéticos, em comparação com seus correspondentes, na fase *bulk* ou macroscópica. Suas propriedades, como a susceptibilidade magnética, passam a depender também do tamanho das nanopartículas.

Dentre os diversos materiais ferromagnéticos, os óxidos de ferro destacam-se por sua disponibilidade, baixo custo, facilidade de preparação e estabilidade. Há dois óxidos de interesse: a **magnetita** (Fe_3O_4) e a **maghemita** (γ-Fe_2O_3). A magnetita possui em sua composição íons Fe^{3+} e Fe^{2+} na proporção de 2:1, sendo estável na faixa de pH entre 8 e 14, em ambiente não oxidante. A equação química envolvida na preparação da magnetita pode ser escrita como segue:

$$Fe^{2+} + 2Fe^{3+} + 8OH^- \rightarrow Fe_3O_4 + 4H_2O \qquad (5.1)$$

Caso a magnetita seja exposta a um ambiente oxidante, os íons Fe^{2+} são oxidados a Fe^{3+}, transformando o material na fase maghemita. Essa, entretanto, não é a única maneira de preparar nanopartículas de magnetita. Os próximos experimentos descrevem os métodos mais comuns empregados na obtenção desse material, cada vez mais importante na nanotecnologia.

Experimento 5.1 (nível intermediário) – Síntese de nanopartículas magnéticas (Rota 1)

Objetivo

O método de coprecipitação é o mais comumente utilizado para produção de nanopartículas magnéticas. Realizada em meio aquoso, essa metodologia apresenta baixo custo e bom rendimento e permite a funcionalização da superfície das nanopartículas superparamagnéticas de óxido de ferro. Neste experimento, vamos preparar essas nanopartículas (sem funcionalização) por meio de uma mistura estequiométrica de Fe^{3+} e Fe^{2+} em meio alcalino.

Equipamentos e reagentes

- Hidróxido de sódio – NaOH (40 g mol^{-1})
- Sulfato de ferro(II) hepta-hidratado – $FeSO_4{\cdot}7H_2O$ (278,01 g mol^{-1})
- Cloreto de ferro(III) hexa-hidratado – $FeCl_3{\cdot}6H_2O$ (270,29 g mol^{-1})
- Béquer
- Água destilada
- Agitador mecânico
- Balão
- Pipeta
- Tubo de ensaio
- Ímã
- Acetona

Procedimento

Em um béquer, prepare a solução de sulfato de ferro(II) dissolvendo 1,5 g de $FeSO_4{\cdot}7H_2O$ ($5{,}4 \times 10^{-3}$ mol) em 5 mL de água destilada. Em outro béquer, faça a solução de cloreto de ferro(III) dissolvendo 2,9 g de $FeCl_3{\cdot}6H_2O$ ($1{,}1 \times 10^{-2}$ mol) em 5 mL de água destilada. A solução de hidróxido de sódio deve ser preparada dissolvendo, em 10 mL de água destilada, 1,2 g de NaOH.

Uma etapa crucial no preparo das nanopartículas magnéticas é a agitação vigorosa do sistema, que vai garantir melhor controle do tamanho das partículas. É importante lembrar que a agitação magnética não é a ideal para esta síntese, pois as nanopartículas são atraídas pelo campo magnético do agitador. Por isso, recomenda-se usar um agitador mecânico acoplado a uma haste de vidro, de plástico ou de metal. No entanto, caso não disponha desse aparato, é possível usar a agitação magnética já que não afeta a formação das partículas. Apenas uma parte delas será atraída pelo agitador.

Transfira as soluções de ferro(II) e de ferro(III), preparadas previamente, para um balão e coloque o sistema em agitação por 5 minutos. Aumente a velocidade de agitação e adicione rapidamente todo volume da solução de hidróxido de sódio. Logo após a adição, deve ser observada uma mudança de coloração do laranja para o preto. Essa coloração final é a cor característica de uma suspensão de nanopartículas magnéticas de óxido de ferro (Figura 5.1). Mantenha o sistema sob agitação por 15 minutos.

Figura 5.1
Nanopartículas magnéticas recém-sintetizadas com coloração preta. (Crédito: Dr. André Zuin).

Com auxílio de uma pipeta, recolha uma alíquota do material sintetizado e transfira o volume para um tubo de ensaio. Em seguida, posicione um ímã na parede externa do tubo de ensaio e veja o que acontece. Essa etapa de decantação/atração magnética é fundamental para a purificação do material. As nanopartículas podem ser separadas magneticamente e o sobrenadante pode ser descartado, mantendo o ímã preso embaixo do recipiente. Transfira todo o volume do balão para um béquer e, com auxílio de um ímã, decante magneticamente as nanopartículas e descarte o sobrenadante. Repita esse procedimento (separação magnética) lavando o material sintetizado com três volumes de 20 mL de acetona.

No final, coloque o material em uma estufa para secagem e passe o sólido para um recipiente de vidro com tampa. Mantenha o frasco bem vedado para evitar a oxidação das nanopartículas (óxido de ferro) pelo oxigênio presente no ar. Geralmente, as nanopartículas preparadas com essa metodologia apresentam tamanho típico ao redor de 70 nm.

Conversando com o leitor

Para sua segurança, tenha cuidado ao manipular os ímãs e mantenha-os longe de equipamentos que armazenam dados, como pen drives, *aparelhos celulares etc. Descarte corretamente os resíduos e lembre-se de ler as instruções no Apêndice 1, pois lá você encontra mais avisos importantes para sua segurança no laboratório.*

Nesta síntese, não foi usado no meio reacional um agente estabilizante de superfície, que tem a função de controlar o processo de crescimento das nanopartículas. Trata-se de uma estratégia muito usada quando se deseja obter nanopartículas com uma distribuição de tamanho homogênea.

Existem dois agentes estabilizantes muito usados nessas reações de coprecipitação em meio aquoso: o hidróxido de tetrametilamônio (TMAOH) e o hidróxido de tetrabutilamônio (TBAOH). Esses dois agentes desempenham o papel de estabilizantes eletrostáticos, pois é a parte positiva (cátion) da estrutura desses compostos que interage com a superfície da partícula. Escreva a estrutura desses dois agentes e mostre, esquematicamente, qual seria o modelo de interação com a superfície e ao compará-los; depois, discuta qual tem maior capacidade de promover repulsão estérica de interpartículas e gerar uma suspensão estável desse nanomaterial. Pesquise sobre repulsão estérica e eletrostática, forças que trabalham pela estabilidade de uma suspensão coloidal.

Experimento 5.2 (nível intermediário) – Síntese de nanopartículas magnéticas (Rota II)

Objetivo

Outra opção de rota de síntese parte apenas de sais de Fe^{2+}. Essa rota também é conhecida como a síntese de nanopartículas magnéticas via sulfato ferroso.

Equipamentos e reagentes

- Sulfato ferroso hepta-hidratado – $FeSO_4 \cdot 7H_2O$ (278,01 g mol^{-1})
- Nitrato de potássio – KNO_3 (101,10 g mol^{-1})

- Hidróxido de potássio – KOH (56,11 g mol^{-1})
- Água destilada
- Béquer
- Chapa de aquecimento ou um balão com manta de aquecimento
- Agitador mecânico
- Papel indicador de pH
- Pipeta de Pasteur
- Tubo de ensaio
- Ímã

Procedimento

Prepare a solução de sulfato de ferro(II) dissolvendo 4,6 g de sulfato ferroso hepta-hidratado ($FeSO_4 \cdot 7H_2O$) em 250 mL de água destilada. O preparo dessa solução pode ser realizado em um béquer (500 mL), que será usado posteriormente na síntese. Para fazer a solução alcalina e oxidante, pese 2,5 g de hidróxido de potássio (KOH) e 0,17 g de nitrato de potássio (KNO_3); em seguida, solubilize os dois reagentes em um mesmo béquer, usando 30 mL de água destilada. O preparo das nanopartículas pode ser realizado em um béquer com uma chapa de aquecimento ou em um balão com manta de aquecimento. Recomenda-se o uso de um agitador mecânico acoplado a uma haste de agitação; a agitação magnética também pode ser usada, caso não se disponha do outro aparato.

Aqueça a solução que contém o sulfato ferroso até a temperatura atingir a faixa de 80-90 °C. Mantenha o sistema sob agitação durante o aquecimento. Ao atingir essa temperatura, coloque o sistema em agitação vigorosa e adicione todo volume da solução alcalina e oxidante (nitrato + hidróxido). Observe a mudança de coloração da suspensão, variando de verde-musgo até preto, cor característica que indica a formação das nanopartículas magnéticas. Mantenha a agitação e o aquecimento por mais 20 minutos e verifique o pH do meio com um papel indicador. O valor deve estar entre 12 e 14.

Por fim, com auxílio de uma pipeta de Pasteur, retire uma pequena alíquota do material sintetizado e transfira para um tubo de ensaio. Adicione um pouco de água e use o ímã para verificar a formação de nanopartículas magnéticas. As partículas sintetizadas por esse método não possuem funcionalização nem agentes estabilizantes de superfície, por isso seu tamanho não é controlado durante o processo de nucleação e crescimento, o que as faz ter diâmetros maiores do que as partículas preparadas por outras rotas de síntese.

Conversando com o leitor

Para sua segurança, tenha cuidado ao manipular ímãs e mantenha-os longe de equipamentos que armazenam dados, como pen drives, *aparelhos celulares etc. Use óculos de segurança sempre que lidar com soluções alcalinas em altas temperaturas. Descarte corretamente os resíduos e lembre-se de ler as instruções do Apêndice 1, onde você encontra mais avisos importantes para sua segurança no laboratório.*

Como vimos neste experimento, partimos de uma solução de Fe^{2+} para sintetizar as nanopartículas magnéticas (Fe_3O_4). Para isso, usamos o íon nitrato (NO_3^-) e o oxigênio do ar como agente oxidante em meio alcalino. Sabendo que o nitrato é reduzido a amônia (NH_3), monte a equação química balanceada que está parcialmente envolvida na formação das nanopartículas magnéticas.[2]

Experimento 5.3 (nível básico) – Síntese de nanopartículas magnéticas com materiais alternativos

Objetivo

Conforme já mencionado, os nanomateriais magnéticos representam uma classe com muitas aplicações. Entretanto, é possível que em algumas situações os procedimentos des-

[2] Para mais detalhes, consulte o livro: TOMA, H. E. **Nanotecnologia molecular**: materiais e dispositivos. São Paulo: Blucher, 2016. (Coleção de Química Conceitual, v. 6).

critos anteriormente sejam custosos ou difíceis de executar em virtude da carência de reagentes. Para contornar esse problema, este experimento traz uma metodologia de síntese de nanopartículas de magnetita que usa materiais extremamente simples que podem ser adquiridos em supermercados e farmácias.

Será necessário realizar uma etapa com duração de 12 a 24 horas. Considere esse tempo no planejamento e na execução do experimento.

Equipamentos e reagentes

- Soda cáustica comercial (solução de NaOH)
- Palha de aço
- Vinagre
- Água oxigenada 10 volumes (solução de H_2O_2)
- Béquer
- Pinça
- Bastão de vidro
- Tubo de ensaio
- Ímã

Procedimento

Atenção ao tempo de preparo deste experimento. A primeira etapa pode ser realizada previamente (24 horas de antecedência). Nela deve-se obter a solução de Fe^{2+}, gerada pela ação do vinagre sobre a palha de aço, que vai ser usada na síntese das nanopartículas.

A primeira etapa deste roteiro consiste no preparo da solução de ferro(II). Transfira para um béquer (A) um punhado de palha de aço e adicione vinagre até que todo o material fique imerso na solução ácida (vinagre). Deixe essa mistura em repouso de 12 a 24 horas. Ao final desse período, use uma pinça para remover toda a palha de aço remanescente no béquer. Deixe decantar os eventuais resíduos da palha de aço. É possível fazer uma filtragem simples para remover esses resíduos.

Observe o volume total que foi obtido dessa solução de ferro(II) em meio ácido. Faça a separação desse volume total em duas frações. Transfira dois terços desse volume para outro béquer (B) e deixe reservado o um terço restante no béquer (A) onde a solução descansou. No béquer (B) com os dois terços da solução, pingue água oxigenada (H_2O_2) até que cesse o processo de mudança de coloração. A mudança de cor a ser observada é uma transição de amarelado para avermelhado, que indica a reação de oxidação dos íons Fe^{2+} para íons Fe^{3+}:

$$Fe^{2+}_{(aq)} \rightarrow Fe^{3+}_{(aq)} \qquad (5.2)$$

Em outro recipiente (erlenmeyer ou béquer), misture as duas soluções preparadas anteriormente: Fe^{2+} (béquer A) e Fe^{3+} (béquer B). Use um bastão de vidro para homogeneizar essa solução final. Prepare uma solução concentrada de NaOH. Para isso, dissolva aproximadamente 10 g de soda cáustica comercial em 50 mL de água e em seguida, adicione vagarosamente essa solução de NaOH na solução contendo a mistura dos íons de ferro. A solução de NaOH deve ser adicionada até ser observada uma coloração final preta. Retire uma alíquota e transfira para um tubo de ensaio. Faça o teste com um ímã para observar a existência de nanopartículas magnéticas sintetizadas com materiais alternativos. Por fim, posicione um ímã no fundo do béquer e espere alguns minutos até observar a separação do material magnético. Descarte cuidadosamente o sobrenadante e deixe as nanopartículas secarem em um local ventilado.

Conversando com o leitor

Para sua segurança, essa prática emprega materiais comuns e de fácil aquisição, mas é importante utilizar luvas ao manipular esses reagentes, pois a soda cáustica (NaOH) é bastante corrosiva. Use óculos de proteção como precaução para os eventuais respingos. Tenha cuidado ao manipular os ímãs e mantenha-os longe de equipamentos que armazenam dados, como pen drives, *aparelhos celulares etc.*

Experimento 5.4 (nível avançado) – Síntese de nanopartículas magnéticas lipofílicas (termodecomposição)

Objetivo

A magnetização e a cristalinidade das nanopartículas magnéticas estão diretamente relacionadas com o método de preparo desses materiais, sendo que as sínteses realizadas em temperaturas maiores favorecem essas propriedades. Além disso, nanopartículas superparamagnéticas funcionalizadas com capa orgânica estão sendo vistas como materiais importantes para a área petrolífera. Uma das aplicações possíveis desse material está na área de remediação ambiental, pois as nanopartículas com capa orgânica podem ser usadas para remoção de pequenas manchas de petróleo derramadas acidentalmente no mar. Apresentam um "efeito detergente" que confina a mancha e, por serem totalmente compatíveis com o petróleo, são capazes de "magnetizar" a mancha de óleo, permitindo que sejam removidas com o uso de um campo magnético (esteira magnética, por exemplo).

Este procedimento apresenta o método de termodecomposição, realizado em altas temperaturas (varia de 230 °C a 350 °C) por usar solventes com alto ponto de ebulição (por exemplo, octadeceno e eicosano). Ao final, são geradas nanopartículas superparamagnéticas funcionalizadas com uma camada de ácido oleico (capa orgânica). A execução é particularmente trabalhosa e exige habilidade, sendo pouco recomendada para principiantes.

Equipamentos e reagentes

- Oleato de sódio – $NaC_{18}H_{33}O_2$ (304,45 g mol^{-1})
- Cloreto de ferro(III) – $FeCl_3 \cdot 6H_2O$ (270,29 g mol^{-1})
- Ácido oleico – $C_{18}H_{34}O_2$ (162,36 g mol^{-1})
- 1-octadeceno
- Água destilada
- Etanol
- n-Hexano

- Rotoevaporador
- Balão de fundo redondo
- Coluna de condensação
- Termômetro
- Manta de aquecimento
- Funil de decantação
- Ímã

Procedimento

Para facilitar a compreensão, este experimento será descrito em duas etapas.

Etapa 1: Síntese do complexo de oleato de ferro(III)

Reserve um balão de fundo redondo com duas vias (500 mL) e uma coluna de condensação. Pese 10,8 g de $FeCl_3 \cdot 6H_2O$ e transfira para o balão, acrescentando 60 mL de água destilada para solubilizá-lo. Depois, adicione 80 mL de etanol e 140 mL de n-hexano. Manualmente, agite o sistema para misturar as fases. Em seguida, acrescente 36,5 g de oleato de sódio e agite o sistema manualmente.

Posicione o balão na manta de aquecimento, acople a uma das vias a coluna de condensação. À outra via, acople um termômetro (preso a uma rolha ou septo) para monitorar a temperatura do sistema durante a reação. Com o sistema montado, inicie o aquecimento até a temperatura de 70 °C e mantenha a reação por 4 horas nessa temperatura. Não é necessário usar agitação. Essa reação vai gerar o precursor para a síntese das nanopartículas magnéticas com capa orgânica. O precursor obtido é o oleato de ferro(III) (coloração avermelhada), agora presente na fase orgânica. Transfira todo volume do balão para um funil de decantação para separar as fases. Após a estabilização das fases, descarte cuidadosamente a fase aquosa, eliminando os resíduos de sais gerados (NaCl) na síntese.

Em seguida, coloque 30 mL de água destilada no funil para "lavar" o meio reacional e garantir a eliminação dos resíduos salinos. Agite a mistura e, novamente, aguarde a separação das fases e descarte a fração aquosa. Repita esse procedimento mais duas vezes. Ao final, deve ser obtida somente a fase orgânica: hexano + precursor de ferro(III). É necessário remover o máximo possível de excesso de hexano para concentrar essa fase orgânica. Para isso, use um rotoevaporador e execute a operação até obter um líquido viscoso, de coloração avermelhada, no final. Reserve esse material para a etapa 2.

Etapa 2: Síntese das nanopartículas magnéticas funcionalizadas com ácido oleico

Transfira o material precursor de ferro(III) preparado na etapa 1 para um balão de fundo redondo com duas vias (500 mL). Adicione ao balão 200 g de 1-octadeceno e 5,7 g de ácido oleico. A densidade do ácido oleico é 0,895 g mL^{-1}, por isso essa massa corresponde a 6,4 mL.

Monte o sistema para a síntese de termodecomposição. Posicione o balão em uma manta de aquecimento, acople a uma das vias a coluna de condensação e a outra o termômetro (até 400 °C) para controle da temperatura. Não é necessário usar agitação.

Em uma capela, aqueça essa mistura até 320 °C. Ao atingir essa temperatura, mantenha o aquecimento por mais 30 minutos. Ao final desse período, deixe a mistura resfriar até a temperatura ambiente.

A etapa seguinte consiste no procedimento de lavagem do material. Para isso, adicione 500 mL de etanol para precipitação dos nanocristais magnéticos. Use um ímã para decantar magneticamente o material sintetizado e descarte o sobrenadante. Repita esse procedimento mais uma vez e leve o material para secar. Após a secagem, o produto final esperado são nanopartículas superparamagnéticas funcionalizadas com ácido oleico. Para confirmar que são dispersáveis em meio orgânico, use um solvente, como hexano ou tolueno, e faça a dispersão do nanocristais sintetizados. Geralmente, as nanopartículas sintetizadas com esse método produzem nanocristais com um diâmetro médio entre de 18 nm e 25 nm.

Usando uma quantidade mínima de solvente para dispersar determinada quantidade de material, é possível formar incríveis nanofluidos magnéticos orgânicos. Execute esse teste e depois aproxime um ímã para ver o que acontece.

Conversando com o leitor

Para sua segurança, essa prática deve ser realizada com atenção, pois empregamos aquecimento em altas temperaturas. Faça o experimento em uma capela de exaustão e tenha cuidado ao manipular os ímãs, mantendo-os distantes de aparelhos eletrônicos.

Um líquido de outro mundo

Os fluidos magnéticos, também chamados **ferro fluidos**, são sistemas coloidais compostos de nanopartículas magnéticas dispersas em um carreador líquido que pode ser aquoso ou orgânico. Esse tipo de material combina propriedades de fluidos com a de magnetos. Um dos primeiros fluidos magnéticos estáveis foi obtido nos anos de 1960, por meio da decomposição térmica de compostos organometálicos em presença de surfactantes e solventes específicos. Uma das aplicações importantes de fluidos magnéticos está no controle do fluxo de combustíveis na ausência de gravidade.

Esses fluidos são classificados como um tipo de coloide denominado **liófilo**, em virtude da interação considerável que há entre as nanopartículas e o solvente. A estabilidade do fluido magnético é resultado dessas interações e das interações interpartículas – agitação térmica, interação entre domínios magnéticos, interações de Van der Waals etc. De maneira geral, procura-se modificar a superfície das nanopartículas para maximizar as interações com o solvente e minimizar as interações interpartículas, a fim de estabilizar o fluido magnético.

O aspecto geral de um fluido magnético submetido à ação de um campo magnético está representado na Figura 5.2. Notamos o alinhamento do líquido com as linhas do campo magnético, dando ao ferro fluido essa aparência impressionante.

Vamos aprender como ele é feito?

Figura 5.2
Amostra de ferro fluido com os *spikes* (espetos) na superfície, formados pela aproximação de um campo magnético gerado por um ímã abaixo da amostra. (Crédito: Dr. Sergio Toma).

Experimento 5.5 (nível intermediário) – Síntese de fluidos magnéticos

Objetivo

Nos experimentos anteriores (rota I e II), foram sintetizadas nanopartículas de magnetita (Fe_3O_4). Agora, receberão um tratamento para serem oxidadas a outra fase, que é conhecida como maghemita (γ-Fe_2O_3). Este experimento visa preparar um fluido magnético em meio aquoso utilizando nanopartículas de maghemita.

A primeira etapa requer que as nanopartículas de magnetita recebam um tratamento em meio ácido por 12 horas. Considere esse tempo no planejamento e na execução do experimento.

Equipamentos e reagentes

- Papel indicador universal de pH
- Nanopartículas de magnetita preparadas pela rota I ou pela rota II
- Solução aquosa de ácido nítrico (HNO_3) 2 mol L^{-1}
- Hidróxido de tetrametilamônio – $[(CH_3)_4N]OH \cdot 5H_2O$ (181,23 g mol^{-1})
- Acetona

- Água destilada
- Béquer

Procedimento

São necessários de 2 g a 5 g de nanopartículas de magnetita preparadas previamente. Prepare também as soluções a serem usadas no experimento. Para a solução de ácido nítrico 2 mol L^{-1}, parta de uma solução de ácido nítrico concentrado, faça a diluição corretamente para obter a concentração final desejada (2 mol L^{-1}) e prepare em torno de 50 mL. Faça a solução de hidróxido de tetrametilamônio $[(CH_3)4N]OH{\cdot}5H_2O$ dissolvendo 2,7 g de hidróxido de tetrametilamônio em 30 mL de água destilada, para gerar uma concentração final de aproximadamente 0,5 mol L^{-1}.

Em um béquer, coloque a massa disponível de nanopartículas com 40 mL da solução de ácido nítrico 2 mol L^{-1}, mantendo o material suspenso nesse meio por um período de 12 horas. O objetivo dessa etapa é converter a magnetita em maghemita, que é mais estável frente à oxidação. Após esse tratamento, separe magneticamente as fases e descarte o sobrenadante. Em seguida, lave duas vezes as nanopartículas com 20 mL de acetona para remoção do excesso de íons. Use um fluxo de ar para secar um pouco e evaporar a acetona presente no material. Com o material ainda úmido, adicione cerca de 10 mL de água destilada ao precipitado; esse volume deve ser ajustado caso tenha usado uma quantidade menor de massa de nanopartículas. Em seguida, pingue a solução de hidróxido de tetrametilamônio (0,5 mol L^{-1}) até atingir o pH 9. Meça com papel indicador universal.

Utilize um ímã para testar o fluido magnético e observe que sua área aumenta em função da densidade de fluxo magnético que o atravessa. Quanto mais próximo está o ímã, maior o aspecto espinhoso do fluido.

Conversando com o leitor

Para sua segurança, use uma capela de exaustão para manipular os reagentes. No Apêndice 1, é possível encontrar mais informações sobre segurança no laboratório.

Os ferro fluidos apresentam propriedades físico-químicas muito interessantes. Pesquise as aplicações desse material nas áreas de energia, saúde e meio ambiente.

Nanopartículas magnéticas mistas

Nanopartículas de magnetita apresentam um comportamento superparamagnético e têm sido aplicadas em nanotecnologia em razão dessas propriedades especiais. De fato, muitos trabalhos relacionados aos setores de energia, mineração, sensoriamento ambiental e medicina têm sido desenvolvidos com base, principalmente, nas propriedades das nanopartículas superparamagnéticas. O dióxido de titânio (TiO_2) também apresenta características muito interessantes que são aproveitadas em diversos dispositivos nanotecnológicos, como painéis autolimpantes, sistemas de decomposição de material orgânico e células fotoeletroquímicas.

No próximo experimento, vamos sintetizar um tipo misto de nanopartícula: o *core-shell*, ou seja, o núcleo-casca. Nesse tipo, as nanopartículas magnéticas são o núcleo e uma camada de dióxido de titânio forma a casca. Vamos ver as propriedades individuais desses materiais serem somadas no produto final.

Experimento 5.6 (nível avançado) – Síntese de nanopartículas *core-shell* de magnetita e dióxido de titânio

Objetivo

Nesta prática, nanopartículas *core-shell*, ou núcleo-casca, de magnetita/dióxido de titânio são sintetizadas por meio de um procedimento químico muito simples. Porém, exige algum aparato laboratorial.

Equipamentos e reagentes

- Balão de duas bocas
- Sistema de aquecimento
- Equipamento de refluxo
- Nanopartículas de magnetita
- Tetraisopropóxido de titânio(IV) – $Ti[OCH(CH_3)_2]_4$ (284,22 g mol^{-1})
- Etanol absoluto
- Acetona
- Água destilada
- Agitador mecânico
- Ímã

Procedimento

Suspenda 100 mg de nanopartículas de magnetita previamente sintetizadas – siga as instruções do experimento com as rotas I e II – em 250 mL de etanol absoluto e transfira para um balão de duas bocas. Coloque em agitação mecânica e adicione 1 mL de tetraisopropóxido de titânio $Ti[OCH(CH_3)_2]_4$. A Figura 5.3 mostra o arranjo experimental a ser montado para essa síntese.

Prepare uma solução misturando 7 mL de etanol e 1 mL de água destilada e adicione ao balão, mantendo agitação vigorosa (~1200 rpm). Mantenha a agitação e ligue o sistema de aquecimento acoplado ao condensador de refluxo. Após atingir 70 °C, mantenha a agitação e o aquecimento durante 90 minutos.

Após o término da reação, espere o sistema esfriar, desconecte o condensador de refluxo e o agitador mecânico e separe magneticamente o produto formado. As nanopartículas continuam sendo atraídas pelo ímã, mas agora possuem cor marrom-clara ou branca, em função da cobertura de dióxido de titânio. Lave com água e, em seguida, com acetona. O produto final são partículas de um nanocompósito magnético que respondem à ação de um campo magnético. Porém, em sua superfície, carregam propriedades químicas diferentes do material que compõe seu núcleo.

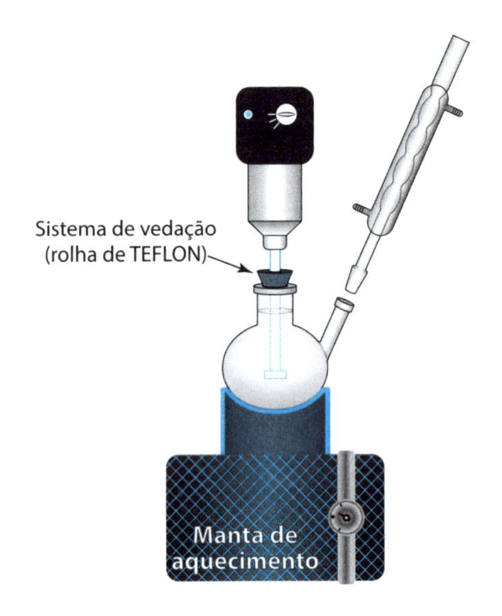

Figura 5.3
Esquema da montagem experimental utilizada na síntese de nanopartículas mistas de magnetita e dióxido de titânio. Vemos equipamento para agitação mecânica e aparato de refluxo acoplado ao balão a ser aquecido.

Conversando com o leitor

Para sua segurança, use uma capela de exaustão para realizar este procedimento. No Apêndice 1, há informações sobre segurança no laboratório.

As nanopartículas mistas combinam as propriedades de seus dois constituintes: as nanopartículas de magnetita e as nanopartículas de dióxido de titânio. Conhecendo as propriedades desses materiais em suas formas individuais, desenvolva uma linha de pensamento que permita projetar possíveis aplicações desse material com estrutura do tipo *core-shell*.

Medidas de magnetização usando balança analítica

Quando as substâncias são expostas a um campo magnético H, seus elétrons respondem prontamente, gerando uma indução magnética $B = H + 4\pi M$, em que M representa a magnetização provocada pelo campo. A magnetização é dada por $M = \chi H$, em que χ é a susceptibilidade magnética. A unidade de campo magnético no sistema CGS é o oersted (Oe), ao passo que a indução magnética é expressa em gauss (G). No sistema CGS, a magnetização é dada em unidades eletromagnéticas por grama, ou emu g^{-1}, ao passo que a susceptibilidade é dada em emu $Oe^{-1}g^{-1}$. As medidas de susceptibilidade magnética têm sido rotineiramente empregadas na caracterização de compostos com íons metálicos, e sua determinação é feita pela medida do torque gerado sobre a amostra pelo gradiente de campo magnético aplicado. Isso pode ser realizado com uma balança sensível devidamente adaptada para essa finalidade.

Se há elétrons desemparelhados, é observado um torque positivo, que provoca a atração da amostra pelo campo. Essa situação é conhecida como paramagnetismo. O torque é proporcional ao gradiente de campo ($\partial H/\partial x$), e sua medida permite a avaliação da susceptibilidade e, depois, do número de elétrons desemparelhados na amostra. Quando todos os elétrons estão emparelhados, o torque resultante vai no sentido contrário ao das linhas de força do campo magnético. Esse comportamento é conhecido como diamagnetismo, mas sua intensidade é de três ou quatro ordens de grandeza menor que o paramagnetismo.

O método mais usado para determinar a susceptibilidade magnética utiliza a balança de Gouy com um ímã convencional e requer, geralmente, uma massa considerável de amostra (por exemplo, 1 g) em razão de sua baixa sensibilidade. Outra metodologia é baseada na balança de Faraday, que utiliza um ímã cujos polos magnéticos foram especialmente configurados para gerar um gradiente constante de campo ($\partial H/\partial x$) na região em que a amostra é colocada. Esse método é pelo menos dez vezes mais sensível que o da balança de Gouy, porém necessita de ímãs especiais e adaptados a essa finalidade.

Em ambos os métodos, a amostra é colocada em um tubo ou suporte e pesada na ausência e na presença de campo. Utiliza-se um composto padrão ($m_{padrão}$) de susceptibilidade conhecida (χ_p) como referência. A diferença de peso é dada por $\Delta_{padrão}$. Mantendo-se o mesmo arranjo experimental, repete-se a medida com a amostra e obtém-se $\Delta_{amostra}$. Se as variações são muito pequenas, é importante descontar a contribuição magnética δ para o tubo vazio, medida nas mesmas condições. A susceptibilidade da amostra pode ser calculada com base na seguinte equação:

$$\chi_{amostra} = \chi_{padrão}\left(\frac{m_{padrão}}{\Delta_{padrão} - \delta}\right)\left(\frac{\Delta_{amostra} - \delta}{m_{amostra}}\right) \quad (5.3)$$

No caso de compostos, geralmente são usados como padrão $Hg[Co(SCN)_4]$ e $[Ni(en)_3]S_2O_3$, cujas susceptibilidades são, respectivamente, iguais a $11{,}04 \times 10^{-6}$ emu/Oe·g e $16{,}44 \times 10^{-6}$ emu/Oe·g a 20 °C. A contribuição diamagnética dos átomos pode ser estimada com base nas constantes de Pascal disponíveis na literatura e depois subtraída do valor medido para a susceptibilidade magnética.

As nanopartículas contêm milhares de átomos paramagnéticos concentrados em uma região muito pequena, respondendo prontamente ao campo magnético como se fossem uma unidade atômica gigante. Os momentos magnéticos induzidos pelo campo são muito mais intensos, fazendo com que se alinhem facilmente a um valor máximo, conhecido como magnetização de saturação. Na ausência de campo, os *spins* sofrem desalinhamento térmico e os momentos magnéticos coletivos desaparecem por completo, salvo em alguns sistemas em que estruturas e dimensões oferecem alguma resistência a mudanças, fato conhecido como histerese. Por isso, as nanopartículas apresentam um comportamento superparamagnético, cujas aplicações já foram bastante discutidas neste livro.

Em virtude da extrema sensibilidade das nanopartículas superparamagnéticas, as medidas de magnetização usando amostras suspensas, como no método de Gouy ou de Faraday, apresentam dificuldades difíceis de superar. As amostras tendem a encostar nos polos dos ímãs; porém, quando isso não é possível, há um grande desalinhamento da amostra posicionada no campo, havendo perda de reprodutibilidade. Por isso, as medidas têm sido feitas com equipamentos mais sofisticados, como magnetômetros e *superconducting quantum interference devices* (SQUID), só encontrados em laboratórios especializados.

Para finalidades rotineiras, contudo, é possível adaptar o método de Gouy utilizando um dispositivo simples de pesagem externa em balanças analíticas convencionais. Esse procedimento é descrito no experimento a seguir.

Experimento 5.7 (nível intermediário) – Medindo magnetização com balança analítica e dispositivo de pesagem externa

Em geral, para as medidas de magnetização, é montado um sistema simples, constituído de materiais diamagnéticos pouco sensíveis aos efeitos do campo a ser aplicado, como vemos na Figura 5.4.

Figura 5.4
Arranjo experimental a ser montado para medir a magnetização de nanopartículas magnéticas com uma balança analítica. (Crédito: Fernando Menegatti de Melo).

O dispositivo é composto de um tubo de vidro diamagnético (por exemplo, um tubo de RNM ou EPR). Esse tubo, usado como sustentação horizontal, atravessa duas rolhas de borracha colocadas sobre o prato de pesagem da balança. À extremidade perfurada do tubo, prende-se uma argola de fio de prata de 1 mm de diâmetro; caso seja necessário, pode-se usar cola epóxi para prender a argola, que deve ser perfeitamente adaptada para segurar o microtubo de plástico (eppendorf). Um ímã miniaturizado de $Nd_2Fe_{14}B$, com formato de disco, permite o posicionamento preciso, alinhado com o centro da amostra e a uma altura fixa (por exemplo, 10 mm), controlada por uma escala também fixa. Esse ímã fornece um campo magnético da ordem de 1,1 kOe, muito acima do necessário para provocar a saturação da magnetização nas nanopartículas de magnetita.

Para as medidas, é possível utilizar como referência 5 mg de uma amostra de nanopartículas de magnetita de alta qualidade e empregar o valor padrão de magnetização igual a 92 emu g^{-1}. Também se pode usar um valor determinado previamente com um magnetômetro calibrado, o que é mais indicado. Os pesos do padrão são determinados na presença e na ausência do campo magnético, fornecendo o valor de $\Delta_{padrão}$ na Equação (5.3). Repete-se a medida com outro microtubo contendo a amostra e nas mesmas condições. A correção para a contribuição magnética do microtubo ou do diamagnetismo da amostra é desnecessária nesse caso, em virtude do elevado valor da magnetização da amostra.

Sugerimos como amostras de investigação todas as nanopartículas magnéticas obtidas neste capítulo.

Conversando com o leitor

Este experimento, apesar da simplicidade, é bastante útil em trabalhos rotineiros. É realmente espantoso o aumento de peso medido experimentalmente para amostras na presença do campo magnético. Contudo, é necessário um controle preciso da posição e da distância da amostra com relação ao ímã, com repetições frequentes para avaliar a reprodutibilidade das medidas. Usando a magnetização de saturação do composto de referência, pode ser obtida a magnetização de saturação da amostra usando o cálculo da susceptibilidade magnética. De fato, no sistema CGS, a magnetização por grama de material é expressa em emu/g (emu = unidade eletromagnética), ao passo que a susceptibilidade por grama é expressa em emu/Oe.g. Assim, desde que o campo seja mantido constante para padrão e amostra, na correlação matemática sofre cancelamento. Por essa razão, a Equação (5.3) pode ser aplicada tanto para susceptibilidade como para magnetização.

No caso de estudos de compostos simples, essa técnica também é aplicável para determinar susceptibilidade paramagnética, mas utilizando massas mais elevadas (por exemplo 50 mg) e diminuindo a distância vertical de aproximação do ímã (entre 2 mm e 3 mm) para aumentar a sensibilidade das medidas.[3]

[3] Para mais detalhes, consulte os livros: TOMA, H. E. **Química de coordenação, organometálica e catálise**. 2. ed. São Paulo: Blucher, 2016. (Coleção de Química Conceitual, v. 4); e TOMA, H. E. **Nanotecnologia molecular**: materiais e dispositivos. São Paulo: Blucher, 2016. (Coleção de Química Conceitual, v. 6).

CAPÍTULO 6

QUANTUM DOTS

Pontos quânticos brilhantes

As nanopartículas de óxido de zinco são exemplos de sistemas conhecidos como *quantum dots*. Um *quantum dot* é formado por um material semicondutor de dimensões nanométricas. Pela natureza semicondutora, apresenta bandas de energia cheias (valência) e vazias (condução), separadas por um intervalo conhecido como *band gap*. Entretanto, sua dimensão nanométrica faz com que os elétrons de valência fiquem confinados em um espaço muito pequeno, embora seja formado por milhares de átomos. Nesse espaço, os elétrons se comportam como se fossem partículas quânticas colocadas em uma caixa, o que gera níveis discretos de energia. Por isso foram denominados "pontos quânticos" ou *quantum dots* por Mark Reed.

A excitação desses elétrons do nível de valência para o nível vazio superior leva a uma separação de cargas, criando pares entre elétron e lacuna, também chamados **éxcitons**. A recombinação deles dá origem a uma emissão fluorescente bastante intensa, característica dos *quantum dots*.

As nanopartículas de óxido de zinco possuem uma propriedade interessante relacionada ao que foi exposto anteriormente. Por conta de seu *band gap*, absorvem a luz na região do espectro eletromagnético correspondente ao ultravioleta, embora sejam opticamente transparentes à luz visível, algo útil quando se deseja fabricar protetores solares.

Experimento 6.1 (nível avançado) – Síntese de *quantum dots* de ZnO e medida do seu *band gap*

Objetivo

A proposta deste experimento é realizar a síntese de *quantum dots* de ZnO, incluindo um cálculo simples para avaliar o *band gap* do material sintetizado.

Equipamentos e reagentes

- Hidróxido de sódio – NaOH (40 g mol^{-1})
- Acetato de zinco – $Zn(O_2CCH_3)_2(H_2O)_2$ (219,50 g mol^{-1})
- Isopropanol
- Cubeta de quartzo
- Espectrofotômetro

Procedimento

Inicialmente, prepare as soluções. Para fazer a solução de hidróxido de sódio, dissolva 100 mg de NaOH em 50 mL de isopropanol. Prepare a solução alcoólica de acetato de zinco diluindo 50 mg de acetato de zinco em 15 mL de isopropanol; se necessário, utilize aquecimento brando usando uma chapa elétrica, em uma capela. Adicione isopropanol até completar 80 mL.

Aqueça a solução alcoólica de acetato de zinco a 65 °C em uma capela de exaustão e adicione, lentamente, 8 mL da solução alcoólica de hidróxido de sódio sob agitação magnética ou mecânica. Mantenha a agitação, e a temperatura a 65 °C, e colete alíquotas do líquido a cada 3 minutos. Registre o espectro eletrônico no ultravioleta, como forma de acompanhamento, até que as mudanças não sejam mais observadas.

Um exemplo de espectro eletrônico típico de *quantum dots* de ZnO pode ser visto na Figura 6.1.

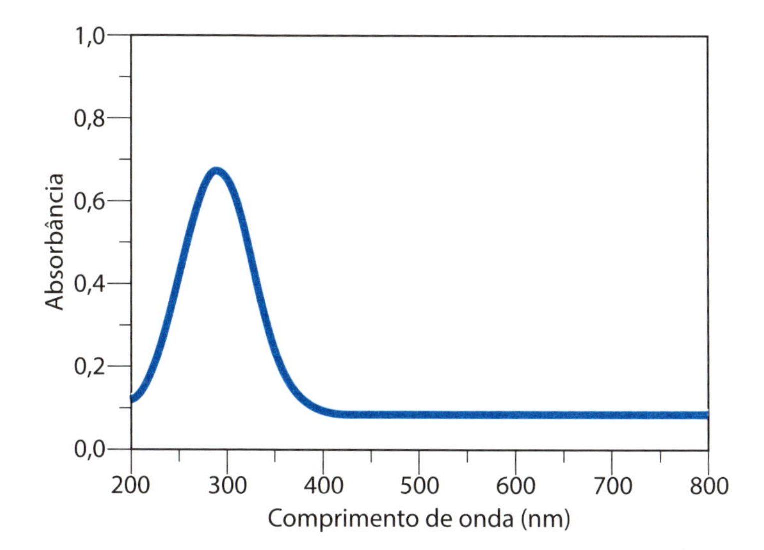

Figura 6.1
Espectro UV-Vis de *quantum dots* de ZnO, com banda de absorção típica atingindo o máximo de 290 nm.

Em virtude das nanopartículas de ZnO não apresentarem bandas de absorção na região do visível, elas não são coloridas, dificultando sua percepção visual. Contudo, podem ser detectadas pela absorção de luz ultravioleta, conforme visto no espectro.

Conversando com o leitor

Tenha cuidado, pois este procedimento envolve substâncias corrosivas, solventes e sistemas de aquecimento. Por essa razão, deve ser realizado com luvas e óculos de proteção e em uma capela de exaustão. Lembre-se, no Apêndice 1, há informações sobre segurança no laboratório.

Nanopartículas semicondutoras

O resistor dependente de luz (LDR – *Light Dependent Resistor*) é um dos componentes eletrônicos mais utilizados em equipamentos que precisam detectar variações de luminosidade, como sensores de luz que acendem as lâmpadas do jardim de uma casa automaticamente ao anoitecer. Esse componente possui um aspecto bastante peculiar, sendo constituído de dois pinos conectados entre si por meio de uma trilha de sulfeto de cádmio (CdS) recoberta com resina protetora transparente. O aspecto do LDR pode ser visto na Figura 6.2.

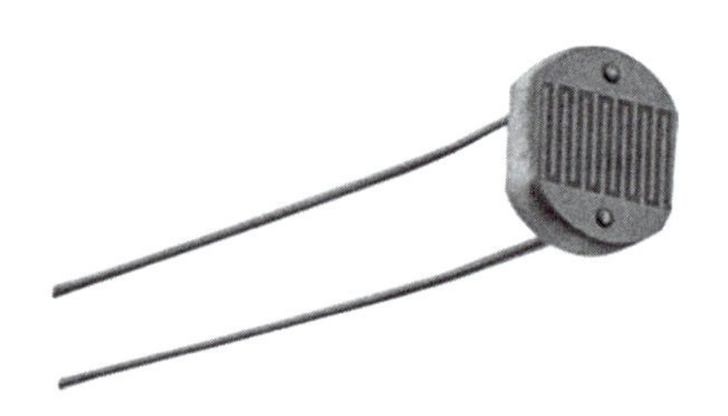

Figura 6.2
Foto de um LDR contendo em seu centro uma trilha de CdS, semicondutor que sofre diminuição de condutividade elétrica quando é iluminado.

O sulfeto de cádmio, que forma a trilha unindo os pinos do LDR, é um semicondutor que possui um *band gap* direto de 2,42 eV (em 300 K), situado, energeticamente, na região visível do espectro eletromagnético. No próximo experimento, você é convidado a sintetizar nanopartículas de sulfeto de cádmio (CdS).

Experimento 6.2 (nível avançado) – Síntese de nanopartículas semicondutoras

Objetivo

Neste experimento, vamos sintetizar nanopartículas semicondutoras de CdS, que constituem um material interessante para aplicações em células solares, fotodetectores, LEDs, dispositivos de armazenamento de dados etc. Nanopartículas de CdS, por exemplo, possuem *band gap* maior que o de material macroscópico, chegando a situar esse valor em 2,79 eV.

Equipamentos e reagentes

- Enxofre em pó
- Boro-hidreto de sódio – $NaBH_4$ (37,83 g mol^{-1})
- Cloreto de cádmio II – $CdCl_2$ (183,21 g mol^{-1})
- Tetra-hidrofurano (THF) – C_4H_8O
- Água destilada
- Balão
- Frasco com tampa

Procedimento

Em um balão, adicione 25 mg de enxofre em pó e 50 mL de tetra-hidrofurano (TFH). Depois, coloque essa mistura em agitação (mecânica ou magnética). Adicione 40 mg de boro-hidreto de sódio ($NaBH_4$) a essa mistura e mantenha a agitação por todo período de síntese. Após 10 minutos, adicione 160 mg de cloreto de cádmio ($CdCl_2$) ao balão.

Mantenha a reação em temperatura ambiente por 24 horas e, ao final, filtre ou separe por centrifugação as nanopartículas de CdS obtidas, lavando com água destilada em seguida. Armazene o material em um frasco com tampa.

O CdS é um semicondutor, cujas propriedades eletrônicas podem ser acessadas através da irradiação com luz visível. Para explorar esse efeito, coloque o CdS entre duas placas de vidro condutor ligeiramente defasadas, para gerar dois pontos de contacto elétrico independentes. Prenda as duas placas com um clip metálico de alça. Em seguida, meça a condutividade na presença e ausência de luz solar (ou laser), com um multímetro ajustado para medida de resistência elétrica. Essa montagem pode ser vista na Figura 6.3.

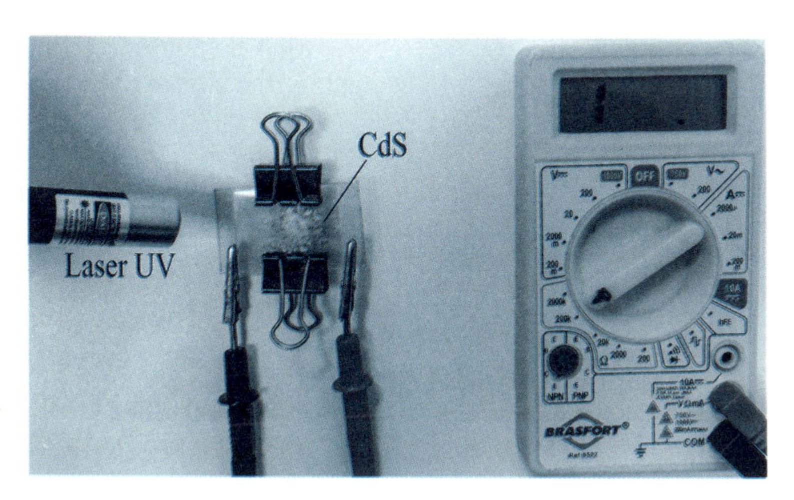

Figura 6.3
Arranjo experimental montado para analisar as propriedades eletrônicas do CdS. O material sintetizado foi depositado entre duas placas de vidro condutor e conectado a um multímetro para medir sua condutividade na presença e na ausência de luz.

Conversando com o leitor

Tenha cuidado, pois este procedimento requer uso de luvas para manipulação de sais de cádmio e deve ser realizado em uma capela de exaustão. No Apêndice 1, há informações sobre segurança no laboratório.

CAPÍTULO 7

NANOCOMPÓSITOS E MATERIAIS

"Nanossanduíches": hidróxidos duplos lamelares (HDL)

Os hidróxidos duplos lamelares (HDL) são uma família de compostos com combinações variadas de metais e de contraíons, utilizados em diversas aplicações, como trocadores iônicos, catalisadores, suporte para catalisadores e carregadores de fármacos. O exemplo mais típico dessa classe é a **hidrotalcita** (HT), mineral de ocorrência natural ($Mg_6Al_2(OH)_{16}CO_3 \cdot 4H_2O$), com estrutura lamelar semelhante à da brucita ($Mg(OH)_2$). Alguns de seus sítios octaédricos, porém, são ocupados originalmente por íons magnésio substituídos por íons Al^{3+}, conforme mostra a Figura 7.1. Desse modo, gera-se um excesso de carga positiva na lamela, que passa a assumir uma estrutura característica com contraíons (carbonato, por exemplo) e moléculas de água intercaladas nas regiões interlamelares, de modo que a carga positiva seja compensada.

A HT pode ser sintetizada pelo método da coprecipitação em pH constante, segundo a equação genérica a seguir, em que M^I é um cátion monovalente (Na^+ ou K^+) e X^- é um ânion (NO_3^-, ClO_4^-, Cl^-).

$$(1\text{-}x)M^{II}(X^-)_2 + xM^{III}(X^-)_3 + 2M^IOH + (x/m)M^I_m(A^{m-}) \rightarrow M^{II}_{1\text{-}x}M^{III}_x(OH)_2(A^{m-})_{x/m} \cdot nH_2O + (2 + x)M^IX \quad (7.1)$$

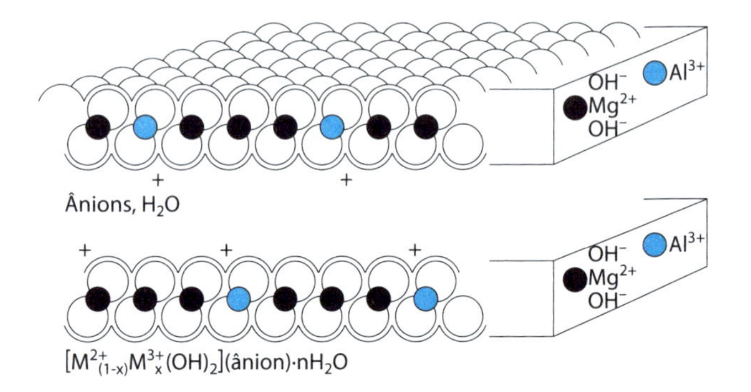

Figura 7.1 Ilustração das placas de hidrotalcita com íons carbonato e moléculas de água intercaladas. Os íons carbonato balanceiam as cargas positivas presentes nas placas.

As condições de síntese devem ser bem controladas, pois fatores como concentração de soluções, velocidade de adição, pH do meio reacional, velocidade de agitação e temperatura afetam a homogeneidade e a cristalinidade do produto obtido. Para garantir a obtenção de um produto homogêneo e cristalino, a adição das soluções deve ser lenta e estar em temperatura ambiente e sob agitação rigorosa; o pH deve ser mantido em valores próximos a 10. O controle do pH do meio é fundamental, pois em valores acima de 11 pode ocorrer a formação de $[Al(OH)_4]^-$ e de $Mg(OH)^2$; já valores abaixo de 9 levam à formação de $Al(OH)_3$. A manutenção da temperatura ambiente para a precipitação é necessária para prevenir a formação de produtos secundários, como os hidróxidos $Mg(OH)_2$ e $Al(OH)_3$. No final da adição das soluções é realizado um tratamento hidrotérmico em que o precipitado formado permanece por 12 horas em aquecimento a 80 °C. O tratamento hidrotérmico modifica a morfologia do material obtido, aumentando a cristalinidade e levando a formação de cristais hexagonais da ordem de 100 nm e 300 nm.

Experimento 7.1 (nível avançado) – Síntese da hidrotalcita

Objetivo

Neste procedimento, vamos sintetizar um hidróxido duplo lamelar. É necessária uma etapa de 12 horas de aquecimento a 80 °C. Então, considere esse tempo no planejamento e na execução deste experimento.

Equipamentos e reagentes

- Balão de três bocas
- Centrífuga
- Hidróxido de sódio – NaOH (40 g mol^{-1})
- Nitrato de magnésio – $Mg(NO_3)_2$ (148,31 g mol^{-1})
- Nitrato de alumínio – $Al(NO_3)_3$ (212,99 g mol^{-1})
- Carbonato de sódio – Na_2CO_3 (105,99 g mol^{-1})
- Papel indicador universal de pH
- Água destilada
- Funis de separação
- Frasco de vidro com tampa
- Chapa de aquecimento com agitação magnética

Procedimento

Para preparar a solução de hidróxido de sódio, dissolva uma pequena quantidade de NaOH em 100 mL de água, monitorando o pH até que o valor esteja ajustado em 10. Prepare a solução de magnésio e alumínio dissolvendo 23,1 g de nitrato de magnésio e 11,3 g de nitrato de alumínio em 250 mL de água destilada. Já para a solução de carbonato de sódio, dissolva 2,2 g desse sal em 210 mL de água. No final, será necessário usar um pouco de uma solução de hidróxido de sódio 2 mol L^{-1} e de uma solução de carbonato de sódio 0,1 mol L^{-1}. Prepare, previamente, em torno de 30 mL dessas soluções.

A síntese deve ser realizada em um balão de três bocas de 500 mL. Transfira a solução de hidróxido de sódio para o balão. A próxima etapa requer que a solução de nitrato de magnésio e alumínio seja adicionada ao mesmo tempo que a solução de carbonato de sódio. Caso tenha à disposição dois funis de separação, transfira a solução contendo magnésio e alumínio [$Mg(OH)_2$ e $Al(OH)_3$] para um funil e, no outro, coloque a solução contendo o carbonato de sódio (Na_2CO_3). Posicione os dois funis, um em cada boca do balão, e abra-os. Essa transferência deve ser feita lentamente e sempre sob agitação (agitação magnética). Monitore o pH do sistema e mantenha-o próximo a 10. Caso não disponha de um funil de separação, faça a transferência manualmente de forma lenta e simultânea, sempre sob agitação.

Ao final da adição desses reagentes, ainda com o sistema sob agitação, comece a pingar lentamente uma quantidade da solução de hidróxido de sódio 2 mol L^{-1} até que seja formada uma suspensão branca. Aqueça essa suspensão a 80 °C durante 12 horas seguidas. Se necessário, monte um sistema de refluxo e monitore a temperatura com um termômetro até que estabilize, podendo permanecer assim por 12 horas.

Separe o precipitado branco por centrifugação (10 minutos, a 14.000 RPM) e descarte o sobrenadante cuidadosamente. Lave o precipitado com um pequeno volume da solução de carbonato de sódio 0,1 mol L^{-1} e repita o processo de centrifugação e descarte do sobrenadante. Por último, lave o material com água destilada, centrifugue e leve a uma estufa para secagem. Armazene o material sintetizado – hidróxido duplo lamelar – em um frasco de vidro com tampa.

Conversando com o leitor

Para sua segurança, esse procedimento deve ser realizado em uma capela de exaustão. No Apêndice 1, há informações sobre segurança no laboratório.

Os HDL são materiais capazes de incorporar espécies negativas na região interlamelar, visando neutralizar as cargas positivas de suas lamelas. As espécies inseridas nos espaços interlamelares podem adquirir estabilidade extra por meio de interações eletrostáticas. Como vimos neste procedimento, os HDL, além de sua ocorrência natural, também podem ser sintetizados em laboratório por rotas simples e de baixo custo, que permitem o isolamento de sólidos de alta pureza. A intercalação de espécies orgânicas em HDL tem recebido atenção expressiva em razão das diversas aplicações possíveis desses materiais híbridos orgânicos-inorgânicos. Por conta de sua biocompatibilidade, os HDL vêm sendo estudados em algumas aplicações nas áreas de medicina e farmácia. Realize uma pesquisa e conheça os outros materiais pertencentes à classe dos hidróxidos duplos lamelares. Além disso, busque compreender o universo de aplicações desses materiais superinteressantes.

Experimento 7.2 (nível avançado) – Síntese de eletrólito sólido termocrômico

Objetivo

Neste experimento, vamos obter um eletrólito sólido (Cu_2HgI_4) cujas condutividade e coloração variam de acordo com a temperatura.

Equipamentos e reagentes

- Sulfato de cobre(II) penta-hidratado – $CuSO_4 \cdot 5H_2O$, (249,68 g mol^{-1})
- Iodeto de potássio – KI (166 g mol^{-1})
- Ácido acético glacial
- Sulfito de sódio – Na_2SO_3 (126,04 g mol^{-1})
- Cloreto de mercúrio II – $HgCl_2$ (271,49 g mol^{-1})
- Etanol
- Água destilada
- Tubo capilar de vidro
- Fio de cobre de 8 polegadas
- Béquer
- Bastão de vidro
- Termômetro
- Papel de filtro

Procedimento

Primeiramente, prepare a solução de Na_2SO_3 dissolvendo 200 mg desse sal em 10 mL de água. Faça a solução de cobre(II) dissolvendo 630 mg de $CuSO_4 \cdot 5H_2O$ em 50 mL de água. Para obter a solução de KI, dissolva 1,6 g de KI em 10 mL de água.

Transfira a solução de sulfato de cobre(II) para um béquer e adicione 6 mL da solução de KI. Em seguida, sob agitação (magnética), adicione sete gotas de ácido acético glacial e observe o início da formação de um precipitado de coloração escura (CuI). A esse mesmo béquer, sob agitação, adicione todo volume da solução de Na_2SO_3. Mantenha a agitação por 10 minutos e, em seguida, separe o sólido por decantação, descartando o máximo possível de solução.

Em outro béquer, coloque 750 mg de $HgCl_2$ em 100 mL de água e acrescente os 4 mL restantes de solução de KI 1 mol L^{-1}, misturando com um bastão de vidro. Nessa etapa, há formação do HgI_2 *in situ*. Ainda nesse béquer (HgI_2), misture o precipitado isolado (CuI) anteriormente. Use um termômetro para controlar a temperatura e aqueça a suspensão obtida até quase o ponto de ebulição, aproximadamente 90 °C, durante 20 minutos. Observe a formação de um sólido vermelho-escuro (Cu_2HgI_4) – o eletrólito de interesse. Esse material sólido deve ser filtrado ainda quente em papel-filtro e posteriormente lavado com água fria e 5 mL de etanol. Deixe o sólido secar por meia hora em temperatura ambiente.

Para testar a condutividade do material, monte um "circuito" inserindo um pedaço de fio de cobre de 8 polegadas em uma das extremidades de um tubo capilar de vidro. Pela outra extremidade aberta, coloque uma pequena quantidade do composto sintetizado, compactando-o bem. Em seguida, feche o circuito, colocando o outro pedaço de fio de cobre na outra extremidade, como vemos na Figura 7.2. Outra alternativa mais eficiente é colocar o sólido entre duas lâminas de vidro condutor, ligeiramente defasadas, presas por um clipe metálico de alça.

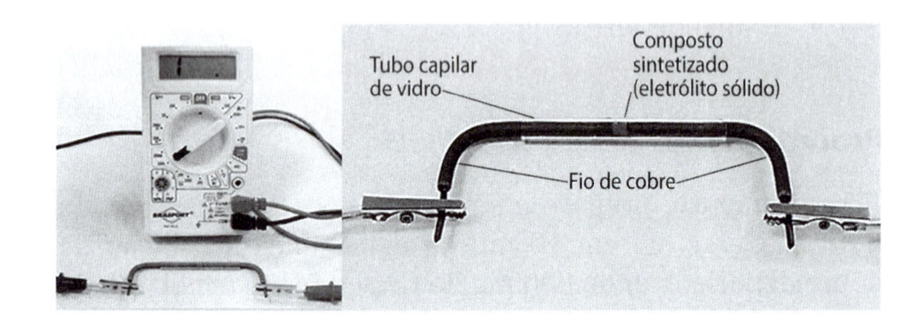

Figura 7.2
Montagem experimental do tubo capilar de vidro com dois fios de cobre inseridos no tubo capilar intermediado passando pelo eletrólito sólido Cu_2HgI_4.

Com um multímetro ajustado para medir resistência elétrica, verifique a leitura do instrumento na temperatura ambiente. Segure todo circuito, mantendo-o conectado ao multímetro, e aqueça a região do eletrólito sólido com um isqueiro ou a chama de uma vela. Faça novas leituras da resistência elétrica.

Conversando com o leitor

O mercúrio é um metal pesado extremamente tóxico. Sempre tenha muito cuidado ao manipular sais de mercúrio. Este procedimento deve ser realizado em uma capela de exaustão e os resíduos de mercúrio devem ser descartados em um recipiente adequado, destinado ao tratamento. No Apêndice 1, há informações sobre segurança no laboratório.

Os eletrólitos são materiais que, dependendo de sua composição ou característica, permitem a migração de elétrons ou de espécies iônicas. No caso de um eletrólito sólido, a condutividade iônica desse material é governada pelas interações eletrostáticas que ocorrem entre os elementos da rede cristalina com os íons móveis. Isso define as propriedades elétricas desses materiais. Pesquise na literatura quais os requisitos para que um composto atue como eletrólito sólido.

Pesquise um pouco mais sobre a estrutura cristalina do composto sintetizado (Cu_2HgI_4) para entender como as vacâncias (buracos) são responsáveis pela migração das espécies iônicas. Sabemos que a temperatura é capaz de alterar a fase de um material ou desordenar sua estrutura cristalina, e uma mudança de fase pode ser acompanhada de uma mudança de cor (de vermelho para castanho) e de uma diminuição acentuada da resistência. Procure formular explicações que permitam compreender o comportamento termocrômico do Cu_2HgI_4 e qual a relação entre o *band gap* do semicondutor e a diminuição da resistência quando este sofre uma mudança na estrutura em razão da temperatura.

Experimento 7.3 (nível avançado) – Gel e xerogel de pentóxido de vanádio (V_2O_5)

Objetivo

Neste experimento, vamos fabricar um xerogel constituído de pentóxido de vanádio, um material interessante por conta de suas diversas propriedades, como eletrocromismo.

Este procedimento é realizado em duas etapas. Na primeira sintetizamos o gel de vanádio, que deve ser mantido em repouso, durante sete dias, até sua propriedade (eletrocromismo) ser testada. Considere esse tempo, se necessário, planeje a preparação prévia desse material.

Equipamentos e reagentes

- Solução de ácido clorídrico (HCl) a 0,001 mol L^{-1}
- Bureta
- Resina catiônica DOWEX 50 W-X4
- Metavanadato de sódio – $NaVO_3$ (121,93 g mol^{-1})
- Suporte universal
- Coluna de vidro
- Algodão
- Água destilada
- Béquer

Procedimento

Para a primeira etapa, prepare em torno de 100 mL de uma solução aquosa de HCl a 0,001 mol L^{-1}.

Usando um suporte universal, fixe uma coluna de vidro (cromatográfica) ou bureta e preencha metade da coluna com uma resina catiônica forte do tipo DOWEX 50 W-X4. Não se esqueça de colocar um pouco de algodão no fundo da coluna. Realize um tratamento nessa coluna, convertendo-a para a forma ácida. Para isso, passe 50 mL da solução de ácido clorídrico (0,001 mol L^{-1}) pela coluna; para eliminar o excesso de ácido, lave-a com água destilada. Descarte adequadamente o resíduo eluído da coluna.

O gel de pentóxido de vanádio pode ser obtido facilmente usando essa coluna de troca iônica. Em um béquer, dissolva 0,61 g de metavanadato de sódio em 50 mL de água destilada (0,1 mol L^{-1}). Passe todo volume preparado dessa solução pela coluna cromatográfica. Com auxílio de um béquer, recolha todo volume que está sendo eluído da coluna e armazene essa solução, mantendo-a em repouso em um local escuro e em temperatura ambiente.

O material que está sendo eluído da coluna é o ácido polivanádico (HVO_3), de coloração levemente alaranjada. A acidificação da solução de metavanadato de sódio ($NaVO_3$), por exemplo, leva à formação de soluções coloridas contendo espécies cíclicas de polivanadatos, como $[V_4O_{12}]^{4-}$. Após aproximadamente sete dias, esse material vai naturalmente sofrer um processo autocatalítico de polimerização (policondensação) em temperatura ambiente. O resultado é a formação de uma suspensão viscosa vermelho-escura, ou seja, o gel de $V_2O_5 \cdot nH_2O$. O processo de policondensação de ácidos de vanádio geralmente leva à formação de estruturas tipo fitas poliméricas.

Na segunda etapa, vamos testar a propriedade do gel de óxido de vanádio. Para visualizar eletrocromismo, o gel obtido deve ser aplicado entre dois substratos condutores: placas de vidro recobertas com óxido de estanho dopado com índio (ITO) ou com flúor (FTO). Essa etapa consiste na montagem de uma célula eletroquímica à qual será aplicada uma diferença de potencial de 3V (duas pilhas em série), para que seja visualizada a mudança de cor no eletrólito (dispositivo eletrocrômico) em razão da aplicação de uma corrente. Aplique o gel sobre um dos eletrodos e, em seguida, feche o circuito com o outro eletrodo até obter a forma de "sanduíche" ilustrada na Figura 7.3. Use um clipe metálico com alça para manter as placas unidas. Deixe o sistema em repouso até a secagem do eletrólito. Ao final, aplique a diferença de potencial ao circuito e observe a mudança de coloração do eletrólito. Caso observe uma mudança do amarelo para azul, está visualizando a propriedade do material sintetizado: o eletrocromismo. Para reverter o fenômeno, observando a cor original, inverta a polaridade do circuito.

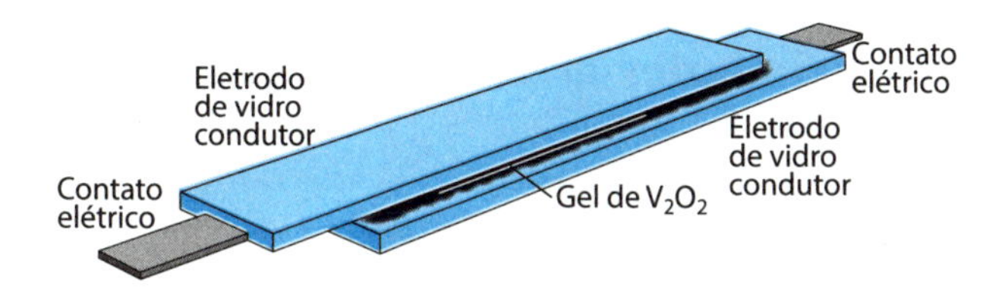

Figura 7.3
Esquema ilustrativo da montagem de uma célula eletroquímica com gel de óxido de vanádio sintetizado como eletrólito para teste de eletrocromismo.

Conversando com o leitor

Este procedimento deve ser realizado em uma capela de exaustão e os resíduos de metais devem ser descartados em um recipiente adequado. Leia as informações de segurança apresentadas no Apêndice 1.

Um dispositivo eletrocrômico é essencialmente uma célula eletroquímica em que um eletrodo é impregnado com material ativo, separado do contraeletrodo por meio de um eletrólito conveniente (líquido ou sólido), caso necessário. A variação de cor ocorre como resultado de carregamento e descarregamento dessa célula eletroquímica por pulsos de potencial. Entre os materiais eletrocrômicos, os óxidos de transição são, sem dúvida, os mais explorados. Esses materiais podem sofrer alteração eletroquímica de um estado *redox* para um estado que tenha uma intensa banda de absorção. O mecanismo eletrocrômico do V_2O_5 pode ser considerado um processo reversível de redução/oxidação.

Diante do exposto, pesquise sobre a estrutura cristalina do V_2O_5 e entenda como ocorre o processo *redox*, que dá origem ao efeito eletrocrômico da célula. Conheça um pouco mais sobre esses dispositivos eletrocrômicos que estão sendo fortemente estudados em algumas aplicações tecnológicas, como as janelas inteligentes. Entenda como uma janela inteligente trabalha e como esses materiais estão chamando a atenção da indústria automotiva.

Experimento 7.4 (nível avançado) – Síntese de um nanocompósito magnético com propriedades adsorventes (carvão magnético)

Objetivo

Neste experimento, vamos sintetizar um material composto de carvão ativo e nanopartículas superparamagnéticas com propriedades adsorventes. Esse material será empregado em outros experimentos.

Equipamentos e reagentes

- Carvão ativo
- Sulfato de ferro(II) hepta-hidratado – $Fe_2SO_4{\cdot}7H_2O$ (278,01 g mol^{-1})
- Nitrato de potássio – KNO_3 (101,10 g mol^{-1})
- Água destilada
- Béquer ou balão
- Agitador mecânico com haste de agitação
- Ímã
- Frasco de vidro com tampa
- Termômetro

Procedimento

Em um béquer ou balão (500 mL), disperse 5 g de carvão ativo (pó) em 180 mL de água. Com auxílio de um agitador mecânico acoplado a uma haste de agitação, coloque o sistema em agitação vigorosa. Adicione 2,3 g de sulfato ferroso hepta-hidratado ($FeSO_4{\cdot}7H_2O$) e aqueça essa mistura entre, aproximadamente, 85 °C e 90 °C, mantendo agitação vigorosa do sistema. Use um termômetro para monitorar a temperatura. Em outro béquer, dissolva 0,8 g de nitrato de potássio (KNO_3) e 1,3 g de hidróxido de potássio (KOH) em 20 mL de água destilada e reserve essa mistura.

Quando a mistura de carvão e ferro(II) atingir temperaturas na faixa de 85 °C a 90 °C, transfira a solução de nitrato de potássio em meio alcalino para o segundo béquer. Essa etapa dá início à reação de nucleação e crescimento das nanopartículas magnéticas, em que, à medida que vão sendo formadas *in situ* com o carvão, são adsorvidas gerando um nanocompósito magnético.

Mantenha o processo sob agitação vigorosa, na mesma temperatura, durante 30 minutos. Terminada a reação, faça a purificação do material usando decantação magnética. Use o ímã para separar as fases, descartando o sobrenadante. Repita esse procedimento mais duas vezes, lavando com 50 mL de água. Ao final, leve o sólido (carvão magnético) em ambiente para secagem e armazene-o em um frasco de vidro com tampa para uso posterior.

Conversando com o leitor

Este procedimento deve ser realizado em uma capela de exaustão e os resíduos devem ser descartados em um recipiente adequado. Leia as informações de segurança no Apêndice 1.

A ideia central do procedimento descrito é dispersar as nanopartículas magnéticas no retículo do carvão. Qual a vantagem de produzir esse nanocompósito *in situ*? Pesquise os grupos funcionais presentes no carvão e saiba um pouco mais sobre a área superficial desse material e sua capacidade de adsorção.

CAPÍTULO 8

NANOTECNOLOGIA EM DISPOSITIVOS

Eletrocromismo: mudança de cor com um clique

Materiais eletrocrômicos são compostos que possuem capacidade de mudar de cor de acordo com seu estado de oxidação e de maneira reversível. Em outras palavras, você pode alterar a cor do material de acordo com o potencial elétrico aplicado sobre ele. Esses materiais possuem diversas aplicações tecnológicas, como as janelas confeccionadas com uma fina cobertura eletrocrômica que podem se tornar escuras ou transparentes mediante a simples aplicação de potencial elétrico. Essas janelas permitem economizar energia, controlando a luminosidade interna dos ambientes, ou podem evitar reflexos em vidros traseiros automotivos. Por isso, também são chamadas **janelas inteligentes** (*smart windows*).[1]

Os próximos experimentos trazem diferentes metodologias para preparação e visualização das propriedades ópticas de compostos eletrocrômicos.

---

[1] Para mais detalhes, consulte o livro: TOMA, H. E. **Nanotecnologia molecular**: materiais e dispositivos. São Paulo: Blucher, 2016. (Coleção de Química Conceitual, v. 6).

Experimento 8.1 (nível avançado) – Filmes eletrocrômicos de óxido de tungstênio

Objetivo

Neste experimento, monitoramos por meio do espectro eletrônico a mudança de cor de um filme de óxido de tungstênio mediante aplicação de um potencial elétrico.

Equipamento e reagentes

- Coluna cromatográfica ou bureta
- Resina de troca iônica 5 WX2 (100-200 mesh)
- Tungstato de sódio di-hidratado – $Na_2WO_4{\cdot}2H_2O$ (329,85 g mol^{-1})
- Solução aquosa de ácido sulfúrico 1 mol L^{-1} – H_2SO_4
- Placa de vidro condutor (FTO)
- Água destilada
- Béquer
- Suporte universal
- Coluna cromatográfica

Procedimento

Em um béquer, dissolva 8,2 g de $Na_2WO_4{\cdot}2H_2O$ em 50 mL de água destilada para obter uma solução de concentração 0,5 mol L^{-1}. Prepare 100 mL de uma solução aquosa de ácido sulfúrico 1 mol L^{-1}.

Usando um suporte universal, prepare uma coluna cromatográfica. Empacote essa coluna com cerca de 10 mL de resina trocadora de cátions 5 WX2 (100-200 mesh). Lave a resina com 50 mL de água destilada e, para deixar a resina em sua forma ácida, lave-a com 50 mL da solução aquosa de ácido sulfúrico 1 mol L^{-1}.

Em seguida, passe pela coluna todo volume da solução aquosa de Na_2WO_4. Recolha o volume que está sendo eluído pela coluna com um béquer e reserve-o. Espalhe sobre uma placa de vidro condutor (FTO) algumas gotas da mistura coloidal que saiu da coluna, formando um filme fino e homogêneo. Depois, deixe a placa secar em temperatura ambiente. Para saber qual é o lado condutor do vidro transparente, use um multímetro: o lado que apresentar a menor resistência elétrica é a face condutora do vidro.

Caso disponha de um espectrofotômetro UV-Vis, posicione corretamente essa lâmina recém-preparada na direção do feixe – onde deve ser posicionada a cubeta – e registre o espectro eletrônico do filme depositado sobre o vidro. Não há prejuízo na execução do experimento se não tiver esse equipamento.

Para testar a propriedade eletrocrômica do material sintetizado, é necessário montar uma célula eletroquímica (Figura 8.1), onde a placa de FTO é recoberta com o filme de tungstênio. Essa placa vai ser o cátodo e um eletrodo inerte (grafite ou platina) deve ser montado como o ânodo da célula. O eletrólito a ser usado é a solução aquosa 1 mol L^{-1} de H_2SO_4. Ao final da montagem da célula, aplique um potencial de 1,5 V e observe a mudança de cor no filme depositado. Conforme já mencionado, registre um novo espectro eletrônico e compare com aquele obtido anteriormente.

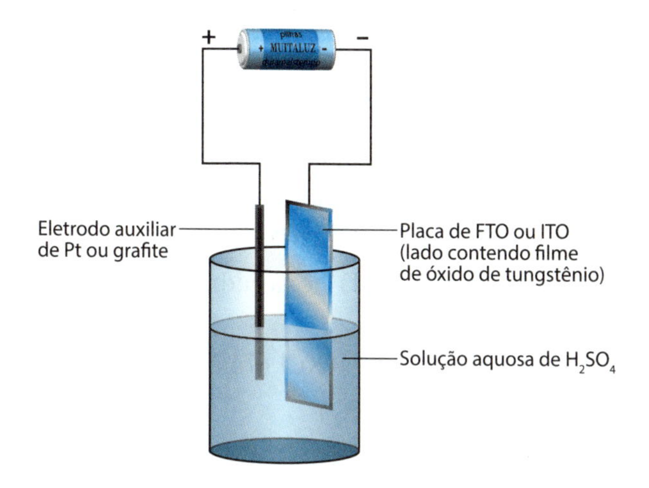

Figura 8.1
Montagem da cuba eletrolítica para visualização da propriedade eletrocrômica do filme de óxido de tungstênio. O filme altera a cor de acordo com o potencial elétrico aplicado.

Inverta a polaridade da célula e observe o que ocorre ao aplicar potencial. Registre novamente o espectro eletrônico da lâmina de vidro invertendo a polaridade.

Conversando com o leitor

Este procedimento deve ser realizado em uma capela de exaustão e os resíduos de metais devem ser descartados em um recipiente adequado. Leia as informações de segurança no Apêndice 1.

Pense a respeito do mecanismo envolvido na mudança de cor do filme depositado sobre o eletrodo. Qual a função da resina de troca iônica? O que acontece com a solução de Na_2WO_4 ao passar pela coluna trocadora de cátions? Os óxidos de tungstênio podem ser dopados com outros cátions (lítio, por exemplo) e essa dopagem é capaz de melhorar a eficiência do material em processos catalíticos. Olhando para a estrutura cristalina do material, que explicação química pode ser formulada para o processo de dopagem?

Experimento 8.2 (nível intermediário) – Filmes eletrocrômicos de azul da prússia

Objetivo

Neste experimento, utilizamos o azul da prússia ($Fe_4^{III}[Fe^{II}(CN)_6]_3$) gerado eletroquimicamente como material eletrocrômico.

Equipamentos e reagentes

- Solução aquosa de ácido clorídrico (HCl) 0,25 mol L^{-1}
- Complexo hexacianidoferrato(III) de potássio – $K_3[Fe(CN)_6]$ (329,25 g mol^{-1})
- Cloreto de ferro(III) hexa-hidratado – $FeCl_3 \cdot 6H_2O$ (270,29 g mol^{-1})
- Cloreto de potássio – KCl (74,55 g mol^{-1})
- Vidro condutor (FTO)
- Multímetro
- Eletrodo de grafite ou platina
- Água
- Béquer

Procedimento

Faça a solução de KCl dissolvendo 2 g de KCl em 50 mL de água. Prepare 250 mL de uma solução de HCl 0,25 mol L^{-1}. Em um béquer, faça a solução de sais de ferro dissolvendo 165 mg de $K_3[Fe(CN)_6]$ em 10 mL de água. Em seguida, adicione 135 mg de $FeCl_3 \cdot 6H_2O$ e agite cuidadosamente até observar a total dissolução. Adicione a essa solução, 10 mL da solução de HCl (0,25 mol L^{-1}) preparada anteriormente.

Nessa etapa, deve ser montado o mesmo arranjo experimental indicado na Figura 8.1. É necessário um eletrodo de vidro condutor de FTO e eletrodo auxiliar de grafite[2] ou platina. É importante saber qual é o lado condutor do vidro transparente. Caso não tenha essa informação, use um multímetro: o lado que apresentar a menor resistência elétrica é a face condutora do vidro.

Após a montagem, preencha parcialmente o sistema eletroquímico com a solução de sais de ferro, preparada previamente, e conecte o sistema de eletrólise a uma pilha comum, durante 60 segundos, observando a polaridade indicada na Figura 8.1. O complexo de Fe^{3+} com $[Fe^{III}(CN)_6]^{3-}$ é amarelo e relativamente solúvel em água. Com aplicação de potencial, os íons de $[Fe^{II}(CN)_6]^{4-}$ formados sobre a superfície do eletrodo reagem com Fe^{3+} e formam o complexo de azul da prússia ($Fe_4^{III}[Fe^{II}CN)_6]_3$) bastante insolúvel, o que gera uma camada de filme eletrocrômico.

Retire o eletrodo de vidro, lave-o com um pouco de água destilada. Descarte corretamente a solução que estava no béquer, pois na próxima etapa o meio eletrolítico será substituído. Essa solução pode ser armazenada em frasco de vidro com tampa para ser reutilizada em outros experimentos.

Use outro béquer e coloque a solução de KCl preparada previamente. Reposicione os eletrodos nessa nova solução transparente e ligue novamente o circuito a uma pilha (Figura 8.1) e observe. Em seguida, inverta a polaridade da pilha e note uma mudança de cor de azul para verde-claro. Para voltar à cor original, basta inverter novamente a

[2] Como eletrodo de grafite, é possível usar grafite de um lápis de carpinteiro.

polaridade da pilha. A mudança de cor está associada a redução/oxidação reversível dos íons de Fe^{3+}/Fe^{2+} no retículo cristalino.

Conversando com o leitor

Este procedimento deve ser realizado em uma capela de exaustão e os resíduos de metais devem ser descartados em um recipiente adequado. Não se esqueça de ler as informações de segurança no Apêndice 1.

Você sabia que existem diferentes tipos de cromismo? Os principais são denominados termocromismo, fotocromismo, halocromismo, solvatocromismo e eletrocromismo. Este último é o tema da investigação deste procedimento experimental. Pode ser definido como um fenômeno de mudança óptica reversível visto em um material, quando submetido a uma tensão elétrica externa. Pesquise sobre esses tipos de cromismo e compreenda as diferenças entre eles.

A célula unitária do azul da prússia ($Fe_4^{III}[Fe^{II}(CN)_6]_3$) é constituída de núcleos metálicos de ferro(II) e ferro(III) alternadamente, que são intercalados por ligantes cianetos em ponte e geram um retículo cúbico. A cor azul é produzida pela excitação óptica dos elétrons do centro de Fe^{II} para os íons de Fe^{III}, o que cria uma transição eletrônica envolvendo dois estados distintos de valência. Quando o complexo de azul da prússia é reduzido, os dois íons de ferro apresentam-se no mesmo estado de oxidação e essa transição eletrônica desaparece.

Cristais líquidos

Esses cristais são uma classe de materiais que apresentam propriedades intermediárias entre aquelas visualizadas no estado sólido e no estado líquido. Podem ser utilizados para construir dispositivos com espessuras nanométricas. Os cristais líquidos (**materiais mesomórficos**) possuem fluidez e são compostos de moléculas orgânicas que apresentam formas longas (como bastões) ou circulares (como discos), como vemos na Figura 8.2.

Em um cristal líquido, as moléculas podem apresentar variados níveis de organização molecular. Isso significa que essas moléculas alongadas podem alinhar-se paralelamente entre si segundo uma direção, como palitos dentro de uma caixa de fósforos (sistema **nemático**), organizar-se na forma de uma escada espiral (sistema **colestérico**), ou empilhar-se umas sobre as outras (sistema **esmético**) quando possuem a forma discoide ou de bastão (Figura 8.2). Essa ordenação é dependente da temperatura. Quando as moléculas que compõem os cristais líquidos possuem dipolos elétricos permanentes, o sistema pode ser alinhado por meio da aplicação de um campo elétrico externo. Além disso, o fato mais importante a ser lembrado é que em um cristal líquido a organização das moléculas é anisotrópica, ou seja, a ordem de organização varia com relação à direção observada.

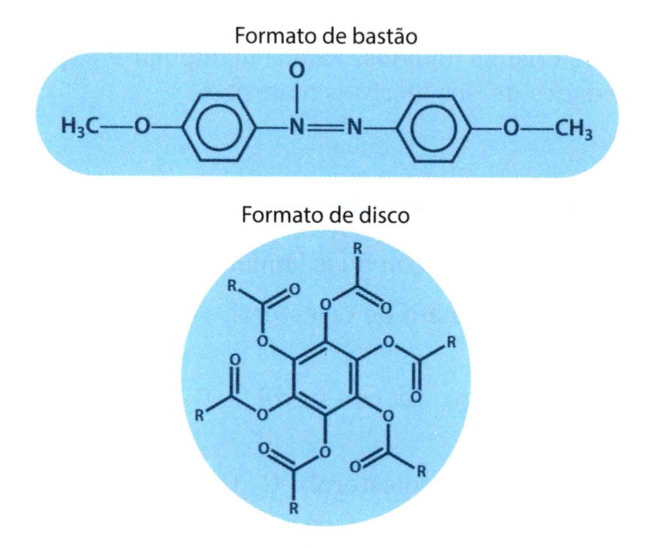

Figura 8.2
Variedades de formas das moléculas que constituem cristais líquidos; moléculas com formatos de bastões ou discos são comuns nessa classe de material.

Os cristais líquidos do tipo **termotrópico** apresentam cores que mudam em função da temperatura; os cristais líquidos cuja formação da mesofase é dependente de sua concentração em um solvente, por sua vez, são conhecidos como sistemas **liotrópicos**; há ainda aqueles que são dependentes da pressão que atua sobre o sistema, chamados **barotrópicos**.

No experimento a seguir, exploramos um sistema colestérico-nemático termotrópico. Os cristais líquidos colestéricos-nemáticos podem mudar de cor reversivelmente em função da temperatura. Uma das principais vantagens desses cristais líquidos é sua capacidade de mapear as regiões termicamente.

Vamos realizar a preparação de cristais líquidos termotrópicos na próxima prática. Vale lembrar que esse material pode degradar quando exposto a umidade ou ar, por isso deve ser armazenado em um frasco bem fechado.

Experimento 8.3 (nível básico) – Preparação de um cristal líquido termotrópico

Objetivo

Neste experimento, iremos apresentar a construção de um termômetro experimental simples empregando as propriedades dos cristais líquidos. Vamos manipular e explorar as propriedades desses incríveis materiais.

Equipamentos e reagentes

- Filme plástico ou duas lâminas finas de vidro
- Oleil carbonato de colesterol – $C_{46}H_{80}O_3$ (681,14 g mol^{-1})
- Pelargonato de colesterol – $C_{36}H_{62}O_2$ (526,89 g mol^{-1})
- Benzoato de colesterol – $C_{34}H_{50}O_2$ (490,77 g mol^{-1})
- Fonte de aquecimento (secador de cabelos)
- Frasco de vidro de 40 mL com tampa

Procedimento

O procedimento é muito simples. Precisa-se apenas de uma mistura de todos os reagentes sólidos listados neste experimento. Para isso, reserve um frasco de vidro pequeno (40 mL) com tampa e, nele, faça a mistura que vai dar origem ao cristal líquido.

Coloque 130 mg de oleil carbonato de colesterol, 50 mg pelargonato de colesterol e 20 mg de benzoato de colesterol no frasco. Aqueça a mistura no interior utilizando um secador de cabelos ou soprador térmico (Figura 8.3). Mantenha o ar quente sobre o frasco até observar a fusão completa dos sólidos e, consequentemente, a formação de uma única fase líquida. Não tampe o frasco nessa etapa!

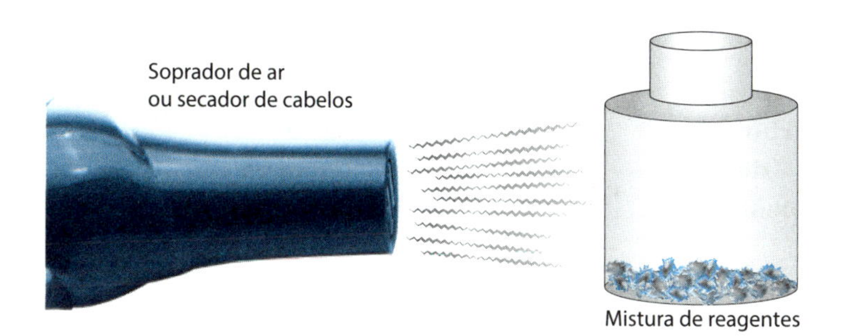

Figura 8.3
Preparação do cristal líquido colestérico. O ar quente deve incidir sobre a mistura sólida no frasco destampado, que deve estar sempre girando para promover um aquecimento homogêneo.

Ao final desse processo, recomendamos fracionar o material obtido para que possa ser usado não apenas neste procedimento como também em outras demonstrações em que se deseja apresentar as propriedades dos cristais líquidos. Divida o material obtido em vários frascos e tampe-os bem.

Comece a observar que o produto muda de cor enquanto esfria. Você pode variar as proporções entre os reagentes, isso vai gerar uma composição final diferente e que, por sua vez, vai apresentar transições de cores também diferentes, de acordo com a temperatura. Com o material dentro do próprio frasco, você pode observar a mudança de cor envolvendo o frasco com suas mãos e segurando-o firme de modo a transferir calor.

A Tabela 8.1 ilustra essas composições e apresenta suas faixas de temperatura onde ocorrem as transições de cor de cada composição.

Para explorar ainda mais essas propriedades, propomos a construção de um termômetro baseado nesse cristal líquido sintetizado. Para isso, é utilizada uma folha de filme plástico, cortada em dois quadrados de 3 cm, ou duas lâminas de vidro bem finas. Com auxílio de um pincel, passe uma fina camada do cristal líquido no meio do quadrado (3 cm) do filme plástico ou da lâmina de vidro. Em seguida, cubra com a outra folha do filme plástico ou lâmina. Caso tenha feito com filme plástico, sele as laterais usando uma fonte de calor para melhor aproveitamento do termômetro construído.

Tabela 8.1 – Temperatura de transição de cores em sistema colestérico de diferentes composições

Oleil carbonato de colesterol	Pelargonato de colesterol	Benzoato de colesterol	Faixa de transição (C)
0,65 g	0,25 g	0,10 g	17-23
0,70 g	0,10 g	0,20 g	20-25
0,43 g	0,47 g	0,10 g	29-32
0,44 g	0,46 g	0,10 g	30-33
0,30 g	0,60 g	0,10 g	37-40

Agora, utilize um termômetro comum para calibrar seu termômetro de cristal líquido. Para isso, utilize materiais em temperaturas diferentes (gelo, chapas metálicas levemente aquecidas etc.) e meça essas temperaturas com um termômetro convencional. Em seguida, encoste o termômetro de cristal líquido nesses materiais e anote a cor que apresenta, relacionando-a com a respectiva temperatura do material. Você pode checar a temperatura em função da cor, como apresentado na Figura 8.4.

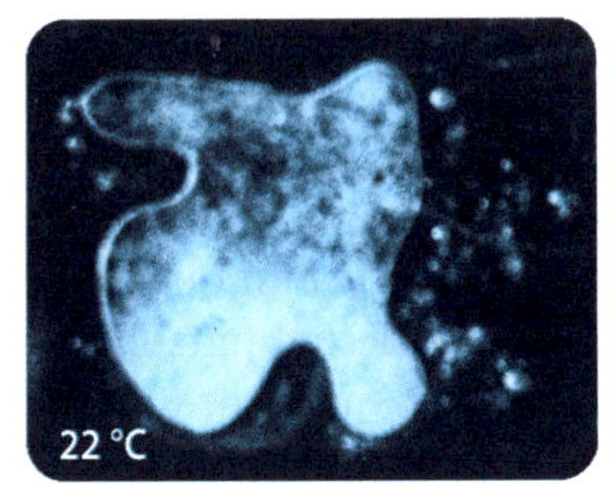

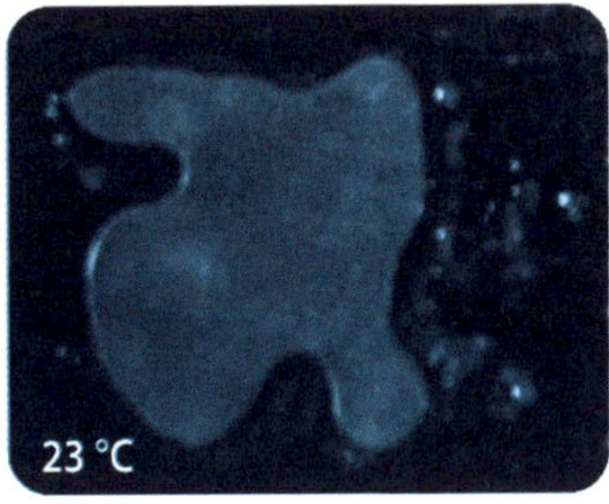

Figura 8.4
Coloração adquirida pelo cristal líquido sintetizado neste experimento na faixa de temperatura onde ocorre transição de cor. Variando a temperatura próxima do ponto de transição, uma alteração drástica na cor do material é observada.

Conversando com o leitor

Para sua segurança, use luvas para manipular os reagentes e não se esqueça de ler as informações de segurança no Apêndice 1.

A estrutura helicoidal dos colestéricos é a razão de algumas propriedades ópticas encontradas apenas nesses materiais, como atividade óptica e seleção por meio da reflexão da luz circularmente polarizada. Analisando a Figura 8.5, identifique os centros (carbonos) com atividade óptica. Para cada molécula, crie uma forma geométrica e proponha um empacotamento que represente o cristal líquido sintetizado. Busque avaliar os tipos de interações intermoleculares que governam a estruturação dessa rede. Para isso, pesquise um pouco mais sobre os principais sistemas de organização molecular adotados pelos cristais líquidos e suas características. Veja também quais as principais aplicações de cristais líquidos na tecnologia moderna.

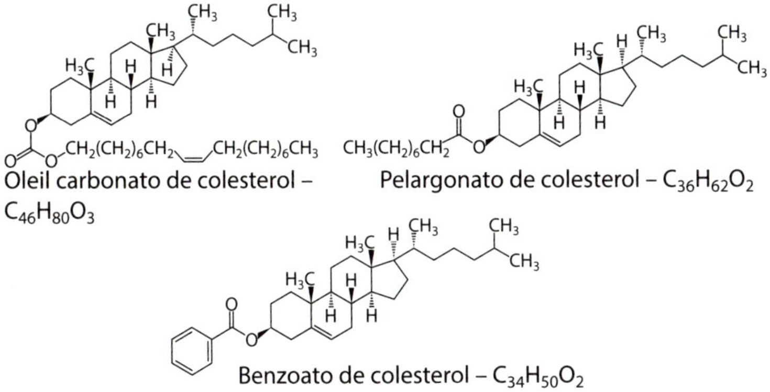

Oleil carbonato de colesterol – $C_{46}H_{80}O_3$

Pelargonato de colesterol – $C_{36}H_{62}O_2$

Benzoato de colesterol – $C_{34}H_{50}O_2$

Figura 8.5 Fórmulas estruturais e moleculares de reagentes utilizados para fabricação dos cristais líquidos do tipo colestéricos.

Experimento 8.4 (nível avançado) – Dicroísmo, um efeito da absorbância seletiva da luz polarizada por grupos cromofóricos orientados

Objetivo

Este interessante experimento vai revelar o efeito do dicroísmo linear observado em compostos cromóforos com estruturas lineares. Para visualizar esse fenômeno, vamos inserir um corante na matriz do poliálcool vinílico (PVA) e produzir uma película dessa mistura para analisar a dependência da absorção óptica em função da polarização da luz.

Equipamentos e reagentes

- Poliálcool vinílico (PVA) – $(C_2H_4O)_x$
- Qualquer composto anisotrópico, como os cristais líquidos já estudados e os corantes comerciais IR-676 e IR-775
- Lâmina de vidro
- Espectrofotômetro UV-Vis
- Filme polaroide (usado em óculos 3D)
- Água
- Béquer
- Chapa de aquecimento
- Bastão de vidro
- Secador de cabelos
- Fita adesiva

Procedimento

Inicialmente, é necessário preparar uma solução aquosa de PVA. Para isso, em um béquer, dissolva 4,6 g de PVA em 50 mL de água. Usando uma chapa de aquecimento, aqueça essa mistura até quase chegar ao ponto de ebulição. Use um bastão de vidro para agitá-la ocasionalmente durante o aquecimento. Também é possível usar banho-maria. Mantenha o aquecimento até observar a completa dissolução do polímero. Essa etapa visa a completa hidratação do PVA, formando um gel bastante homogêneo e estável.

O PVA é o suporte para o corante. Esse material, ao ser depositado sobre uma superfície, tende a formar uma película à medida que o processo de evaporação ocorre. O interessante neste caso é que o dicroísmo linear vai apenas ser detectado se houver um grau de orientação molecular. Para atingir esse grau de orientação, exploramos a técnica da película de polímero esticada. Ao esticar mecanicamente a película de PVA, estamos forçando a orientação da matriz e, com ela, as moléculas orgânicas (corantes) hospedadas. Essa orientação pode ser reconhecida incidindo luz polarizada nas direções paralelas e cruzadas, o que leva a transmissão e bloqueio da luz, respectivamente.

O procedimento de inserção do corante na matriz de PVA é simples. Prepare uma solução etanólica do corante na concentração 1×10^{-3} mol L^{-1}. Vale ressaltar que de 5 mL a 10 mL dessa solução são suficientes. A proporção a ser usada é: para cada 5 mL da solução de PVA, adicione 0,5 mL da solução etanólica do corante. Misture bem com um bastão de vidro, até obter uma mistura homogênea. Essa quantidade de material é suficiente para preparar várias películas, portanto, ao realizar esse experimento em um laboratório, procure variar o "grau de esticamento" do polímero entre os grupos ou o tipo de corante.

Observe a Figura 8.6 para executar a etapa de preparo de película. Limpe bem a superfície da lâmina de vidro. Em seguida, deposite uma pequena quantidade da mistura sobre sua superfície. É importante que o processo de secagem ocorra de maneira lenta, por isso, não é recomendado o uso de uma estufa. Para acelerar o processo, use um secador de cabelos somente como fluxo de ar (não use ar quente) e observe o processo de enrijecimento da película. A consistência ideal é quando a película apresenta uma plasticidade, sendo possível removê-la da lâmina sem que se rompa. Após remover o filme, estique-o cuidadosamente, sem rompê-lo, e use uma fita adesiva para fixar suas extremidades em outra lâmina de vidro bem limpa. Recomendamos que sejam feitas duas películas para que possa haver comparação entre as diferenças relacionadas ao processo de estiramento. É possível notar tom de coloração diferente entre elas ao analisar a borda e ao colocar as lâminas contra a luz. Tente visualizar essa diferença.

É possível monitorar o processo utilizando um espectrofotômetro UV-Vis e um polaroide. Observe a Figura 8.7 para realizar esta etapa. Posicione a lâmina de vidro (película esticada) na direção do feixe de luz do equipamento e, antes da lâmina, coloque o filme polaroide. Registre o espectro de absorção nessa primeira posição. Em seguida, posicione o filme polaroide na direção perpendicular (cruzada) e registre um novo espectro. Ao analisar ambos os espectros, é possível observar uma diferença na intensidade da banda de absorção. Esse resultado é o efeito do dicroísmo linear. O máximo de absorção acontece quando a película está estirada em paralelo ao plano de polarização da luz. A menor intensidade ocorre quando a direção de estiramento da película está perpendicular ao plano de polarização da luz. Ao inverter a posição do polaroide, muda-se a direção de polarização da luz.

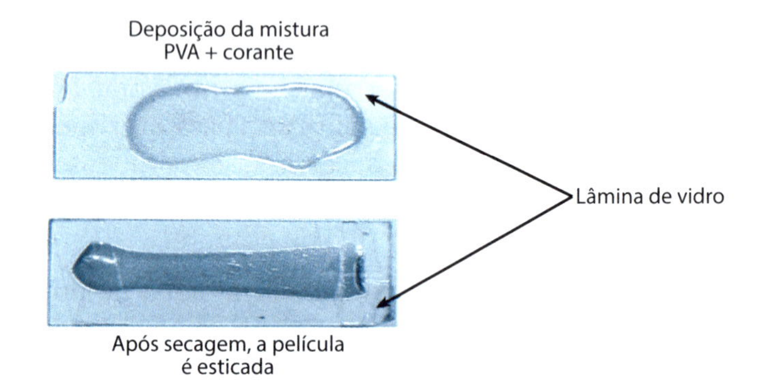

Figura 8.6
Procedimento de preparo da película de PVA embebida em corante para visualização do fenômeno de dicroísmo linear.

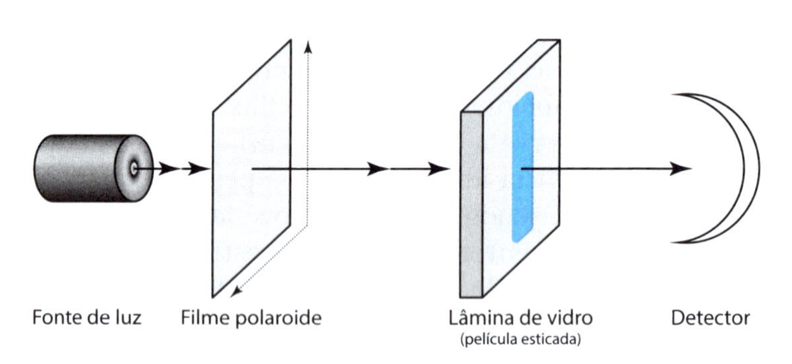

Figura 8.7
Ilustração esquemática para posicionamento de lâmina de vidro e do polaroide no espectrofotômetro UV-Vis.

Conversando com o leitor

Para sua segurança, use luvas para manipular os reagentes.

Neste experimento, observamos o fenômeno de **dicroísmo linear**. Você conhece o outro tipo de dicroísmo, além desse apresentado? Pesquise e tente compreender a diferença entre eles. Nesse fenômeno, a absorção da radiação promove uma alteração do momento dipolo da molécula. Assim, quando o momento de transição da molécula está alinhado com os componentes da radiação, esse fenômeno apresenta-se

Conversando com o leitor (*continuação*)

em sua condição mais favorável, revelado neste experimento pela maior absorção no espectro UV-Vis. Desse modo, $A_{//}$ e $A\perp$ referem-se, respectivamente, à absorção nas direções paralela e perpendicular, medidas de acordo com o estado de polarização da luz transmitida pelo filme (película). Com esses dois valores, é possível calcular a **razão dicroica (D)**, em que $D = A_{//} / A\perp$. Realize esse cálculo e compare entre os grupos. Tente formular uma explicação para o maior resultado e, para isso, apoie-se no conceito já discutido sobre orientação de película (molécula hospedeira na matriz de PVA).

Revolução na mineração

Mudando de assunto, vamos criar dispositivos nanotecnológicos que podem ser aplicados em uma área estratégica: a **mineração**. Nas duas últimas décadas, a produção mundial de metais estratégicos, como o cobre, vem se afastando dos processos pirometalúrgicos. Isso está acontecendo em parte por conta do esgotamento de minérios ricos e das preocupações com o aquecimento global.

Novas iniciativas vêm sendo induzidas pela legislação, voltadas para tecnologias mais verdes, como os processos hidrometalúrgicos. Nesse processo, o minério contendo o metal é lixiviado mediante aplicação de ácidos, álcalis ou ação bacteriana. O metal de interesse é "sequestrado" com uso de um complexante e, depois, separado da solução por meio da extração com solventes orgânicos. Após a extração, o metal é liberado quimicamente do complexante e recuperado por eletrólise. Atualmente, mais de 20% da produção total mundial de cobre é conduzida dessa forma.

Embora os solventes orgânicos e agentes complexantes possam ser reciclados, o processo de hidrometalurgia envolve grande número de etapas e exige a manipulação frequente de produtos químicos e solventes poluentes. O interesse atual extrapola a atuação das indústrias extrativas de minerais metálicos e volta-se cada vez mais para a reciclagem de rejeitos urbanos produzidos pela eletrônica e pela construção civil. Considerando a crescente demanda mundial de cobre, já ultrapassando US$ 100 bilhões no mercado global, qualquer melhoria no processo de produção torna-se relevante, especialmente na direção de tecnologias verdes e sustentáveis.

A economia de etapas, produtos químicos, energia e solventes é uma importante característica verde de um novo processo, denominado **nano-hidrometalurgia magnética**, desenvolvido e patenteado por pesquisadores no Instituto de Química da Universidade de São Paulo (USP). Nesse processo, a parte fundamental são as nanopartículas magnéticas de óxido de ferro (magnetita). Elas são excepcionais portadores magnéticos e exibem uma resposta de magnetização muito grande por terem um único domínio magnético e uma grande área superficial, em razão de seu tamanho nano, o que permite maximizar a interação com as espécies químicas em solução. Usando um ímã, essas nanopartículas superparamagnéticas podem ser facilmente concentradas na superfície de um eletrodo, após serem complexadas com as espécies metálicas presentes em solução. Isso é possível porque essas nanopartículas possuem uma superfície modificada com a incorporação de grupos funcionais (por exemplo, aminas, diaminas, tióis, ácidos carboxílicos etc.), que, por sua vez, podem complexar as espécies em solução.

A nano-hidrometalurgia magnética pode ser empregada simultaneamente na captura e na eletrodeposição de cobre a partir de solução aquosa e de forma cíclica. Essas são suas características notáveis. As nanopartículas superparamagnéticas com superfície modificada são agitadas em solução de íons Cu^{2+} por alguns minutos, formando complexos quelatos estáveis. As nanopartículas associadas ao cobre são, então, atraídas para a superfície de um eletrodo por meio do posicionamento de um ímã do lado de fora do sistema. Quando todo material é acomodado na superfície do eletrodo, é aplicado um potencial de cerca de –1.0 V, de modo a promover a deposição do cobre metálico, segundo a seguinte equação de redução:

$$Cu^{2+} + 2e^{-} \rightarrow Cu^{0} \qquad (8.1)$$

Após poucos minutos de aplicação do potencial e utilizando um eletrodo inerte como ânodo, as nanopartículas liberam praticamente todo cobre que estava complexado. Assim, tornam-se novamente livres para recolher e transportar mais cobre em solução. Nesse ponto, basta retirar o ímã e agitar suavemente a solução que as nanopartículas estarão novamente dispersas no meio. O tempo total desse processo varia conforme a concentração de cobre em solução.

A Figura 8.8 ilustra o processo de captura, transporte e deposição do cobre na superfície de um eletrodo de ouro ou de qualquer outro metal com boa condutividade elétrica.

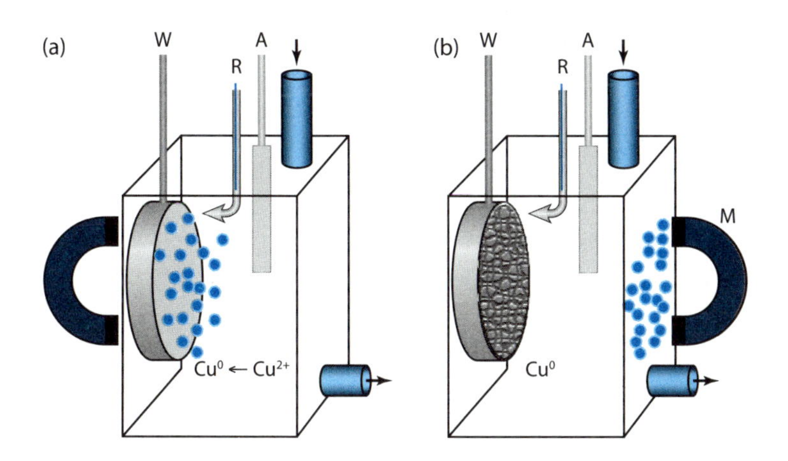

Figura 8.8
Esquema ilustrativo da nano-hidrometalurgia magnética. A aparelhagem constitui-se de um recipiente contendo tubulação de entrada (acima) e saída (abaixo) de solução de íons metálicos (Cu^{2+}, no exemplo); um eletrodo fino de ouro (W) é utilizado como cátodo e platina (A) é utilizada como ânodo; finalmente, um eletrodo de referência é introduzido (R). O posicionamento de um ímã externo (M) completa o sistema. Em (a) as nanopartículas são posicionadas magneticamente sobre o eletrodo de ouro e, sob aplicação de potencial elétrico, liberam cobre metálico. Elas tornam-se disponíveis para capturar mais cobre na solução em (b) e deixam uma camada de cobre sobre o eletrodo que pode ser removida mecanicamente, por exemplo, ao final do experimento.

É importante frisar que a nano-hidrometalurgia magnética pode ser utilizada para a produção de metais explorando minérios de baixo teor. Isso é possível porque a técnica incorpora um mecanismo magnético de pré-concentração, promovendo a captura e o transporte até o eletrodo, como se fossem verdadeiros nanorrobôs.

O próximo experimento convida o leitor a experimentar a nano-hidrometalurgia magnética por meio de um procedimento simplificado que utiliza nanopartículas magnéticas tratadas com carvão ativado.

Experimento 8.5 (nível avançado) – Recuperação de cobre por nano-hidrometalurgia magnética

Objetivo

Neste experimento, vamos utilizar as nanopartículas modificadas com carvão já preparadas anteriormente.

Equipamento e reagentes

- Sulfato de cobre(II) penta-hidratado – $CuSO_4 \cdot 5H_2O$ (249,68 g mol^{-1})
- Nitrato de potássio – KNO_3 (101,10 g mol^{-1})
- Água
- Placa de cobre
- Material inerte (grafite de lápis de carpinteiro, fio de prata ou platina)
- Fio de platina
- Pilha
- Carvão magnético
- Béquer
- Ímã

Procedimento

Prepare 10 mL de uma solução saturada de sulfato de cobre em água (solubilidade em água: 22,3 g/100 mL de água a 25 °C). Faça cerca de 10 mL de uma solução saturada de KNO_3 (solubilidade em água: 31,6 g/100 mL de água a 20 °C).

Em um béquer, adicione cerca de 20 mg de carvão ativo magnético e transfira todo volume da solução saturada de cobre para esse recipiente. Coloque o sistema em agitação (preferencialmente mecânica, visto que estamos empregando um nanomaterial magnético) e mantenha essa mistura em contato de 30 a 60 minutos. Ao final, com auxílio de um ímã, decante magneticamente o carvão magnético saturado com íons de cobre e separe cuidadosamente o sobrenadante. Reserve o sólido e guarde o sobrenadante para novos experimentos.

Na próxima etapa, é necessário construir uma cela miniaturizada (cubeta) para promover a recuperação do cobre. Para isso, disponha de uma placa de cobre (eletrodo de trabalho) e de um material inerte (grafite de lápis de carpinteiro, fio de prata ou platina) que vai ser o contraeletrodo. Para fins didáticos, esse arranjo pode ser montado dentro de uma cubeta (plástico ou vidro), como mostra a Figura 8.9.

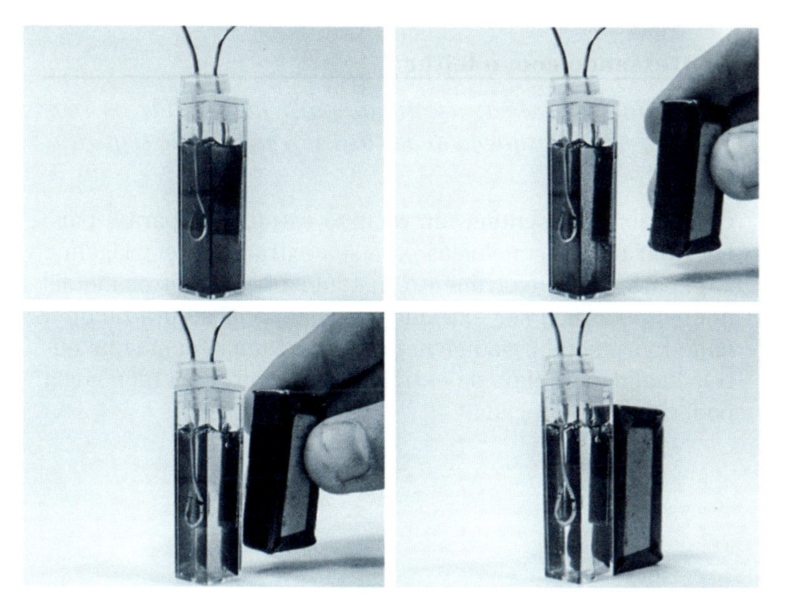

Figura 8.9
Montagem experimental empregada para atrair o carvão magnético transportando íons Cu^{2+} sobre eletrodo de trabalho e para aplicar potencial elétrico para obtenção de cobre metálico.

Transfira uma pequena massa do carvão magnético saturado com Cu^{2+} adsorvido para a cubeta. Em seguida, preencha o volume da cubeta com a solução saturada de KNO_3 e posicione o eletrodo de trabalho (placa de cobre) e o contraeletrodo (fio de platina ou grafite) dentro da cela. Com auxílio de um ímã externo, procure atrair o máximo possível de carvão magnético da superfície do eletrodo/placa de cobre. Mantenha o ímã posicionado atrás desse eletrodo; em seguida, conecte o eletrodo de trabalho ao polo negativo da pilha e o contraeletrodo ao polo positivo. Aplique essa tensão durante 5 minutos. A Figura 8.9 ilustra todas as etapas descritas nesse processo.

Ao final, remova o ímã e agite a solução. Retire o eletrodo e observe sua superfície. Caso não visualize a deposição de cobre, o procedimento anterior deve ser repetido por mais duas ou três vezes, pois esse resultado sempre depende da concentração e do tempo de contato para adsorção do cobre ao carvão. Para isso, descarte a solução contida na cubeta e, novamente, prepare a mistura de KNO_3 e carvão magnético.

Caso tenha repetido o procedimento, pode remover o eletrodo e confirmar a deposição de cobre metálico na superfície. Quando a velocidade de deposição for muito rápida, o cobre vai se depositar na forma microparticulada e ter cor escura.

Conversando com o leitor

Para sua segurança, use luvas para manipular os reagentes e não se esqueça de ler as informações de segurança no Apêndice 1.

Os metais representam um recurso estratégico para o país. Dominar novas tecnologias para sua extração e reciclagem é vital para o desenvolvimento sustentável. Que outros metais nobres poderiam ser extraídos do meio aquoso utilizando a nano-hidrometalurgia magnética? Pense também em que outras finalidades, além da extração de metais, essa tecnologia poderia ser empregada.

CAPÍTULO 9

NANOTECNOLOGIA EM SAÚDE E MEIO AMBIENTE

Novos materiais para protetores solares

Nanopartículas de ZnO vêm sendo amplamente aplicadas em produtos e recobrimentos para refletir a luz ultravioleta ou impedir sua absorção. Nesse sentido, o óxido de zinco na forma nanoparticulada mostra-se muito mais eficiente que em dimensões macroscópicas. Um dos maiores interesses vem da indústria farmacêutica, que deseja aplicar esse material na produção de novos protetores solares, capazes de garantir maior segurança e eficiência.

No experimento seguinte, mostraremos a eficiência desse nanomaterial como protetor solar.

Experimento 9.1 (nível básico) – Teste de protetores solares: nanopó de ZnO

Objetivo

Neste experimento, utilizaremos uma rota simples para síntese de nanocristais de ZnO. Em seguida, para exemplificar uma importante aplicação desse nanomaterial, propomos o estudo de sua capacidade de bloquear radiação ultravioleta, característica importante em materiais com potencial aplicação em protetores solares.

No Capítulo 6, foi realizado um procedimento para síntese de nanopartículas de ZnO. Caso já tenha sintetizado ou armazenado esse material, use-o na segunda etapa deste experimento.

Equipamentos e reagentes

- Acetato de zinco di-hidratado – $Zn(C_2H_3O_2)_2 \cdot 2H_2O$ (219,50 g mol^{-1})
- Hidróxido de tetrametilamônio – $[N(CH_3)_4]OH \cdot 5H_2O$ (181,23 g mol^{-1})
- Etanol
- Glicerina
- Tubo de ensaio ou microtubo
- Centrífuga
- Pincel
- Folha de papel

Procedimento

Etapa 1: Síntese de nanopartículas de ZnO

Em um tubo de ensaio ou microtubo (eppendorf), prepare a solução de acetato de zinco dissolvendo 5 mg de acetato de zinco em 1 mL de etanol. Em outro tubo de ensaio, faça a solução de hidróxido de tetrametilamônio diluindo 10 mg de hidróxido de tetrametilamônio em 1 mL de etanol. Em seguida, adicione ou pingue lentamente a solução de hidróxido de tetrametilamônio ao tubo contendo a solução de acetato de zinco. Observe a reação de formação de nanocristais de ZnO.

Caso disponha de um espectrofotômetro, a formação dos nanocristais de ZnO pode ser acompanhada pelo espectro de absorção, analisando a região entre 250 nm e 400 nm, onde se observa a banda de absorção característica do nanomaterial. A análise deve ser feita no próprio solvente da síntese (etanol).

Ao final, centrifugue o material sintetizado para separá-lo do sobrenadante. Em seguida, lave com etanol e, após nova centrifugação, coloque o material para secar.

Etapa 2: Teste de absorção da luz ultravioleta (UV)

No mesmo microtubo misture, homogeneamente, o ZnO sintetizado (material sólido purificado) em 1 mL de glicerina. Com auxílio de um pincel, passe uma fina camada desse material sobre um pedaço de folha de papel sulfite. Não é necessário secar. Faça um "controle", espalhando apenas glicerina sobre outro pedaço de papel. Leve os dois pedaços de papel para um ambiente com luz UV (ultravioleta) e observe a capacidade de absorção do nanomaterial sintetizado, analisando a diferença entre os dois pedaços de papel.

Você pode repetir o procedimento substituindo a glicerina por um creme hidratante sem protetor solar. A Figura 9.1 mostra o resultado esperado para esse teste.

Sob luz visível

Sob luz ultravioleta

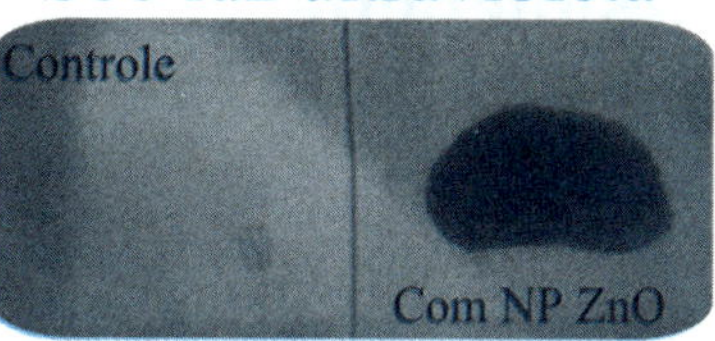

Figura 9.1
Teste de absorção de luz ultravioleta (UV) pelas nanopartículas de ZnO sintetizadas. À esquerda, o pedaço de papel de filtro com e sem nanopartículas de ZnO, exposto à luz visível. À direita, o mesmo pedaço de papel visto sob radiação ultravioleta, com a região escura sinalizando a absorção da luz UV (proteção solar) pelas nanopartículas de ZnO.

Conversando com o leitor

Para sua segurança, use luvas para manipular os reagentes e tenha cuidado ao se aproximar de uma fonte de radiação UV. Nunca direcione seus olhos para o feixe de radiação. Não se esqueça de ler as informações de segurança no Apêndice 1.

Pesquise sobre outros materiais ou substâncias geralmente empregados como componente ativo em protetores solares. Uma boa forma de fazer isso é consultar os rótulos dos produtos disponíveis em mercados e farmácias. Procure entender qual o mecanismo que explica o fenômeno de bloqueio da radiação ultravioleta desses materiais.

Combatendo bactérias

O poder bactericida e desinfetante da prata é conhecido desde a Antiguidade, quando era colocada em recipientes com água e nos alimentos para conservá-los por mais tempo. De fato, os íons de prata são letais para diversas espécies de bactérias, como a *Streptococcus pneumoniae*.

O uso de nanopartículas de prata como bactericida é relativamente novo e abre uma ampla gama de aplicações no controle do crescimento de colônias bacterianas. É possível incluir nanopartículas de prata em fibras sintéticas, materiais hospitalares, utensílios cirúrgicos, próteses odontológicas, embalagens de alimentos etc.

Existe uma maneira simples de testar a eficácia das nanopartículas de prata em relação a suas características como agente desinfetante. Esse procedimento, que utiliza materiais de fácil aquisição, é descrito a seguir.

Experimento 9.2 (nível intermediário) – Aplicação de nanopartículas de prata como desinfetante

Objetivo

Neste experimento, vamos empregar uma amostra de nanopartículas de prata para verificar seu efeito sobre o crescimento de colônias de bactérias. Vamos usar as nanopartículas de prata previamente preparadas.

Equipamentos e reagentes

- Placa de Petri
- Filme plástico
- Gelatina incolor
- Água destilada
- Caldo de carne
- Amostra de nanopartículas de prata
- Cotonete
- Filme plástico transparente

Procedimento

Antes de iniciar este experimento, é necessário ter em mãos uma suspensão de nanopartículas de prata. No Capítulo 3 foram apresentadas diversas metodologias para a síntese desse material.

Dissolva um pacote de gelatina incolor em água destilada, conforme orientação do fabricante. É necessário esterilizar o recipiente previamente. Para isso, lave-o com água fervente ou etanol 70%. Coloque meio tablete de caldo de carne no recipiente contendo a gelatina e dissolva-o completamente. Transfira um pouco dessa mistura, para duas placas de Petri previamente limpas e esterilizadas em estufa ou com etanol 70%.

Para inserir as bactérias que darão início à cultura, use um cotonete. Passe-o no chão, entre os dedos dos pés ou na mucosa oral. Em seguida, esfregue suavemente esse cotonete por toda superfície do meio de cultura (placa de Petri). Faça isso nas duas placas. Em uma das placas de Petri, pingue dez gotas de uma suspensão de nanopartículas de prata. Cubra as duas placas com filme plástico transparente, anotando a data e identificando cada uma delas. Deixe em repouso durante três dias em um ambiente ou estufa a 28 °C. Caso não disponha de uma estufa, apenas armazene as placas em um local com temperatura adequada e ao abrigo da luz solar. Ao final desse período, observe a diferença entre os meios de cultura.

Conversando com o leitor

Para sua segurança, use luvas para realizar este experimento.

Os desinfetantes são substâncias ou soluções com propriedades bactericidas, capazes de impedir o desenvolvimento de colônias. Procure compreender o mecanismo de ação dessas substâncias. Particularmente, pesquise a maneira como a prata (Ag) age sobre as bactérias.

Polímeros magnéticos

Polímeros são materiais que apresentam em sua estrutura molecular unidades relativamente simples que se repetem, formando longas cadeias. Isso resulta em compostos de alta massa molecular. Essas unidades que se repetem são conhecidas como **monômeros**. Existe uma infinidade de polímeros, e pode-se dizer com segurança que a sociedade atual não seria a mesma sem a presença desses materiais.[1]

Nesta apresentação, são colocados em destaque os poliuretanos, que são polímeros resultantes da reação química entre dois componentes básicos – poliol e isocianato – com aditivos que controlam e homogeneízam o resultado. O poliuretano é, sem dúvida, um dos polímeros de maior importância, pois é usado praticamente em todos os bens de consumo e de uso industrial.

Sua estrutura pode ser celular (espumas flexíveis, semirrígidas e rígidas e elastômeros microcelulares) ou sólida (elastômeros, revestimentos, selantes, adesivos etc.). As espumas de poliuretano (EPUs) podem ser definidas como uma classe de polímeros, em que a dispersão de um gás durante o processo de polimerização dá origem à formação de pequenos bulbos ou células, interligadas em uma estrutura tridimensional.

Quando um poliol (um álcool com mais de um grupo hidroxila) reage com um di-isocianato, temos a formação do poliuretano. Podemos ver a reação a seguir.

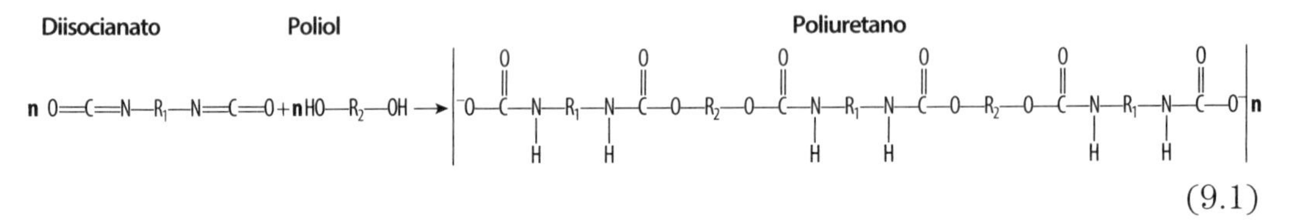

(9.1)

Se a reação ocorrer na presença de água, o produto será uma espuma, graças à reação paralela entre o di-isocianato e a água, que produz amina e dióxido de carbono na forma de gás, cujas bolhas realizam a expansão do polímero que está sendo formado. Além disso, é possível controlar a rigidez do produto formado escolhendo cuidadosamente a cadeia carbônica do di-isocianato utilizado.

Atualmente, é possível alterar ou incrementar as propriedades dos polímeros combinando esses materiais com compostos inorgânicos. Um exemplo desses compostos são as nanopartículas superparamagnéticas de magnetita. O material gerado é chamado **nanocompósito**.[2] Essa espu-

[1] Para mais detalhes, consulte o livro: TOMA, H. E. **Nanotecnologia molecular**: materiais e dispositivos. São Paulo: Blucher, 2016. (Coleção de Química Conceitual, v. 6).

[2] Diversos exemplos de nanocompósitos foram discutidos no Capítulo 7.

ma magnética pode ser utilizada em diversas aplicações, como isolamento acústico, térmico e eletromagnético, remediação ambiental etc. No caso de remediação ambiental, faz-se uso das propriedades adsorventes da espuma de poliuretano, que, por possuir alta área superficial, é capaz de adsorver grande quantidade de compostos orgânicos e inorgânicos em solução.

A adsorção é o fenômeno em que compostos em fase líquida ou gasosa aderem a um sólido por meio de mecanismos químicos (ligações covalentes, coordenação etc.) ou físicos (interações eletrostáticas, ligações de hidrogênio etc.). Fenômenos de adsorção dependem da área superficial do sólido utilizado no processo e, por essa razão, é importante que um material utilizado como adsorvente possua área superficial tão grande quanto possível. Além disso, é interessante que o adsorvente possa ser facilmente separado do líquido ou do gás após o processo de adsorção.

O poliuretano magnético é um material que possui grande área superficial e pode ser rapidamente removido do local em que se encontra por conta de suas propriedades magnéticas. Dessa maneira, esse material pode ser uma alternativa interessante para aplicações em remedição ambiental, quando se deseja limpar água poluída com contaminantes orgânicos e inorgânicos.

O próximo experimento descreve um procedimento simples e de grande apelo visual que pode ser utilizado por professores – em sala de aula, demonstrações em feiras de ciências etc. – como modelo para explicar o conceito de **remediação ambiental**.

Experimento 9.3 (nível intermediário) – Síntese de poliuretano magnético

Objetivo

Um nanocompósito de fácil preparação e com uma vasta gama de aplicações é o poliuretano combinado com nanopartículas de magnetita, também chamado **poliuretano magnético**. Neste experimento, vamos sintetizar esse nanocompósito que possui grande potencial de aplicação em processos de remediação ambiental.

Equipamentos e reagentes

- Di-isocianato de parafenileno – $C_{12}H_6O_2N_2$
- Etileno glicol – $C_2H_6O_2$
- Nanopartículas de magnetita
- Copo descartável
- Béquer
- Bastão de vidro
- Proveta
- Ímã

Procedimento

A reação de polimerização sofre expansão, então é recomendável usar um copo descartável de 250 mL ou 500 mL para ter mais controle durante o processo.

Em um béquer, coloque 10 mL de etileno glicol. Adicione 10 mg de nanopartículas magnéticas (magnetita) e agite com um bastão de vidro até obter uma coloração escura e homogênea. Transfira essa mistura para o copo descartável. Em uma proveta, adicione 10 mL de di-isocianato de parafenileno. Usando uma espátula ou bastão de vidro, transfira rapidamente todo volume de di-isocianato de parafenileno (proveta) para o copo descartável. Com certa velocidade, comece a mexer para homogeneizar antes que a expansão do material tenha início. Observe a expansão do poliuretano e, quando terminar, aguarde 10 minutos para a cura completa. Remova do copo plástico e, usando luvas para evitar o contato direto com a espuma recém-curada, corte o material em pequenas fatias. O resultado pode ser visualizado na Figura 9.2. Por fim, aproxime um ímã das fatias e veja se há resposta magnética.

Figura 9.2
Fatia de poliuretano magnético sintetizado neste experimento. O material é macio e pode ser cortado com uma faca de cozinha ou tesoura.

Conversando com o leitor

Para sua segurança, use luvas para realizar este procedimento. Não se esqueça de ler as informações de segurança no Apêndice 1. Ao final, descarte o resíduo de poliuretano com nanopartículas de forma adequada para posterior tratamento.

O poliuretano é um polímero que, uma vez moldado, não pode ser novamente fundido nem remodelado com facilidade. Por isso, não é reciclável mecanicamente. Neste procedimento, não injetamos nenhum gás de recipiente externo para promover a expansão do polímero. Esse gás foi gerado *in situ*, ou seja, no próprio meio reacional. Equacione a reação de polimerização do poliuretano e mostre a formação de gás (agente de expansão). Além disso, formule uma explicação de como o gás interage com a estrutura durante o processo de formação do polímero.

As nanopartículas ficam retidas na estrutura durante o processo de polimerização, mas não participam da reação. Essa estratégia abre caminho para a fabricação de outros polímeros magnéticos. Com base nessa informação, pesquise sobre os polímeros mais utilizados na atualidade e descubra quais vantagens poderiam apresentar caso se tornassem materiais magnéticos pela inclusão de nanopartículas.

Experimento 9.4 (nível básico) – Remoção de corante de água utilizando poliuretano magnético

Objetivo

No experimento anterior, preparamos um nanocompósito magnético. Agora, vamos aplicar esse material para esboçar a aplicação do poliuretano magnético em remediação ambiental. Para maior eficiência de remoção do corante, recomendamos que o material fique em contato com o contaminante (corante) por 24 horas. Considere esse tempo no planejamento e na execução do experimento.

Equipamentos e reagentes

- Água
- Frasco de vidro com tampa/rolha

- Ímã
- Corante alimentício
- Poliuretano magnético

Procedimento

Antes de realizar este procedimento, é necessário ter uma amostra de poliuretano magnético. Seu procedimento de síntese foi descrito no experimento anterior.

Coloque um pequeno volume de água em um frasco (50 mL é suficiente) e adicione algumas gotas de corante alimentício até que a cor fique intensa. Agite o sistema para homogeneizar. Corte uma fatia de poliuretano magnético (massa 2,5 g) e, em seguida, triture-a com as mãos protegidas por luvas. Esse processo aumenta a área superficial do material, melhorando sua eficiência. Transfira todo material particulado para o recipiente contendo o corante e mantenha o sistema sob agitação (mecânica ou magnética).

Recomenda-se o contato entre o corante e o "pó magnético" durante 24 horas. Entretanto, é possível acompanhar a evolução do processo à medida que a coloração da água for ficando cada vez mais suave, o que indica a evolução do procedimento de remoção do corante (contaminante) da água. Ao final do período recomendado, use um ímã para arrastar todo material magnético para o fundo; assim, é possível visualizar o sobrenadante, que deve estar isento de corante, como vemos na Figura 9.3.

Figura 9.3
Sequência de etapas utilizadas neste experimento. Pode-se ver a solução aquosa de corante em (a), a solução durante o tratamento de adsorção com poliuretano magnético em (b) e, finalmente, a solução limpa do corante e o poliuretano magnético separado por um campo magnético externo proveniente de um ímã em (c), podendo ser facilmente removido da solução.

Conversando com o leitor

Para sua segurança, use luvas para realizar este procedimento.

Outra aplicação interessante de um polímero magnético, como o poliuretano magnético, está na construção de caixas ou paredes capazes de realizar blindagem eletrostática. Pesquise sobre os mecanismos de blindagem eletrostática, iniciando pela conhecida gaiola de Faraday, e procure fazer um paralelo com a aplicação do poliuretano magnético nessa área. Pense onde esse efeito poderia ser útil.

Experimento 9.5 (nível básico) – Aplicação de carvão magnético em remediação ambiental

Objetivo

Gestão e remediação ambiental representam uma área em que a nanotecnologia possui um potencial promissor. Para ilustrar esse fato, neste experimento vamos remover um poluente, representado por um corante, da água usando um nanocompósito sintetizado anteriormente (carvão magnético). Em seguida, vamos regenerar o nanomaterial para que possa ser novamente aplicado na área contaminada.

Equipamentos e reagentes

- Violeta genciana (corante primário, comercial)
- Etanol
- Água
- Amostra de carvão magnético
- Microtubo
- Ímã

Procedimento

Antes de iniciar, é necessário ter uma amostra de carvão magnético. O procedimento de preparação do carvão magnético foi descrito no Capítulo 7.

Prepare uma solução aquosa de violeta genciana dissolvendo 1 mg de corante em 150 mL de etanol. Em seguida, transfira uma gota dessa solução para um microtubo contendo 1,5 mL de água. Essa é a amostra de "água contaminada" com corante. Adicione ao microtubo cerca de 3 mg de carvão magnético (ponta de uma espátula) e agite por 3 a 5 minutos.

Posicione um ímã perto da parede do microtubo para separar o carvão magnético do restante da suspensão. Mantenha o ímã fixado à parede do microtubo e transfira, cuidadosamente, a água (sobrenadante) para outro microtubo e compare a cor com a solução original.

A próxima etapa consiste em regenerar o carvão magnético. No microtubo onde foi retido o carvão usando o ímã, adicione 1 mL de etanol. Feche o microtubo e, com as mãos, agite-o vigorosamente. Comece a observar que o sobrenadante volta a adquirir a coloração do corante. Esse resultado indica que o carvão magnético está com sua superfície/estrutura livre, porque o corante tem maior afinidade pelo solvente (etanol), o que o faz ir para o meio alcoólico. Note que foi possível separar a água e o corante em frascos diferentes, mostrando a eficiência do processo de remediação ambiental. De certo modo, esse processo é visto como regeneração do carvão, pois o carvão magnético está pronto para ser reutilizado.

O que foi apresentado é um processo verde e sustentável. Vimos a aplicação de um nanomaterial em um problema ambiental grave atualmente.

Conversando com o leitor

O experimento não oferece riscos e a realização em microescala é um fato importante, em termos de educação ambiental. A efetividade do carvão magnético na remoção de poluentes está atrelada a dois fatores: sua grande área superficial, decorrente da estrutura do carvão, e sua resposta a campos magnéticos, em virtude da inserção de nanopartículas magnéticas na estrutura do carvão. Discuta como um desequilíbrio na relação entre carvão e nanopartículas pode afetar sua eficiência em remediação ambiental.

Experimento 9.6 (nível básico) – Preparação de uma "geleca" magnética

Objetivo

As "gelecas" são brinquedos semelhantes a massas de modelar, mas com uma consistência mais pastosa. São produzidas com materiais atóxicos, visto que são destinadas a crianças. Em geral, as gelecas são constituídas de PVA, um sistema polimérico. À medida que ligações cruzadas (pontes) são criadas entre as cadeias do polímero, sua viscosidade aumenta. Uma estratégia utilizada para gerar pontes entre as cadeias do PVA é por meio de coordenação dos grupos hidroxilas com o boro, utilizando ácido bórico (H_3BO_3) ou bórax ($Na_2B_4O_5(OH)_4 \cdot 8H_2O$).

Nesta prática, formulamos uma mistura do tipo "geleca" à qual são adicionadas nanopartículas de magnetita para que passe a responder a campos magnéticos.

Equipamentos e reagentes

- Amostra de nanopartículas de magnetita
- Bórax comercial $Na_2B_4O_5(OH)_4 \cdot 8H_2O$ (381,36 g mol^{-1})
- Cola branca à base de PVAc (poliacetato de vinila)
- Água destilada
- Microtubo
- Béquer
- Espátula ou bastão de vidro

Procedimento

Antes de iniciar o experimento, prepare uma solução dissolvendo 100 mg de bórax em 1 mL de água destilada em um microtubo. Agite até observar a dissolução completa.

Transfira cerca de 1 mL de cola branca (base PVAc) para um recipiente (béquer ou microtubo). Adicione 2 mg (ponta de uma espátula) de nanopartículas magnéticas (magnetita) e mexa com uma espátula ou um bastão de vidro até observar uma massa homogênea e escura. A inserção das nanopartículas magnéticas também pode ser feita em PVA "puro", em vez de usar cola branca. Consulte o Experimento 8.4 para saber como preparar uma solução de PVA e use essa mesma proporção da solução de PVA para 2 mg de nanopartículas.

Transfira 0,9 mL da solução de bórax, preparada previamente, para esse béquer (PVAc + nanopartículas magnéticas). Com o auxílio de um bastão (tipo agitador de café), mexa com cuidado durante 30 segundos. Note como a consistência e a viscosidade do material foram alteradas. Depois que a massa adquiriu consistência, pode manipular a "geleca" magnética com mãos e testar sua resposta diante de um ímã, avaliando sua consistência.

É possível testar a resposta magnética desse material como apresentado na Figura 9.4. Explore esse momento e crie interações entre o material sintetizado e o campo magnético do ímã. Surpreenda-se com os resultados.

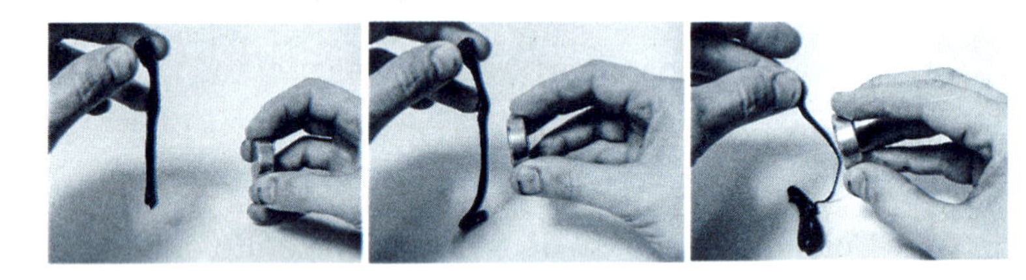

Figura 9.4
Testando a resposta magnética da "geleca" preparada com nanopartículas magnéticas dispersas em uma matriz de PVA. A cola branca é um material atóxico e está sendo usada como fonte de álcool polivinílico.

Conversando com o leitor

O experimento feito em microescala não oferece riscos e é bastante instrutivo. O poliacetato de vinila (PVAc) utilizado na cola branca hidrolisa com facilidade para gerar álcool polivinílico. Nesse experimento, foi observado a mudança de consistência do PVA, quando ele foi misturado com a solução de bórax. Existem outras maneiras de obter o mesmo efeito?

Fotocatálise

A nanotecnologia pode contribuir com a melhoria da qualidade de vida e o desenvolvimento de tecnologias mais eficientes e menos agressivas ao meio ambiente. Uma dessas ações está na obtenção de materiais que ajudam a decompor poluentes ambientais em diversas matrizes, como água e ar. Nesse sentido, um exemplo a ser destacado é o dióxido de titânio (TiO_2).

O fenômeno por meio do qual um composto, ao sofrer influência da luz, acelera a velocidade de uma reação química, sem ser consumido, denomina-se **fotocatálise**. Para que isso ocorra, é necessário que o composto seja excitado pela energia fornecida por fótons de luz. Esses compostos podem ser combinados ou ligados a uma grande variedade de materiais, conferindo-lhes capacidade de catalisar a decomposição de poluentes quando irradiados por luz solar. Quando o TiO_2 é utilizado em revestimentos, é observada a decomposição de poluentes orgânicos urbanos, que são oxidados a formas facilmente removidas pela água da chuva. Isso impede que o revestimento fique sujo, o que tem sido explorado em janelas autolimpantes. A Figura 9.5 exibe, esquematicamente, esse fenômeno.

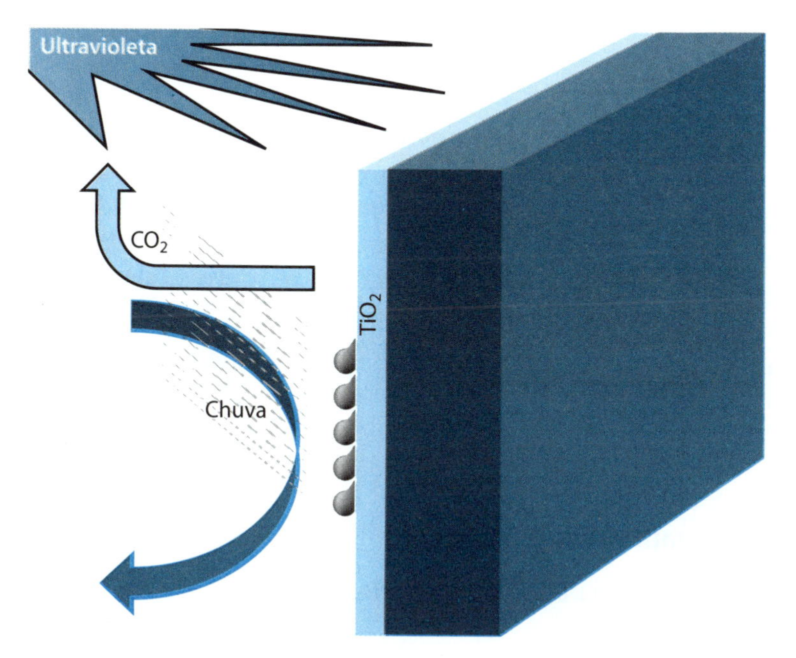

Figura 9.5
Esquema simplificado do funcionamento de um revestimento de TiO_2 antipoluição. Esse revestimento oxida o material orgânico depositado sobre a superfície, gerando espécies hidrossolúveis, incluindo o dióxido de carbono (CO_2), sob influência das nanopartículas de dióxido de titânio irradiadas com luz ultravioleta. Assim, a sujeira é facilmente removida pela água da chuva.

Como já mencionado, as fases termodinâmicas cristalinas mais estáveis do dióxido de titânio são o **rutilo** e a **anatase**. Enquanto o primeiro é usado como pigmento em tintas e em protetores solares, em virtude de seu elevado índice de refração, a anatase é empregada em fotocatálise por ser estável, pouco tóxico e um bom oxidante quando exposto a radiação ultravioleta. Entretanto, para que essa aplicação se torne viável, é necessário que exista uma fonte de radiação ultravioleta. Quando o material é aplicado em revestimentos externos, a fonte de radiação é a luz solar. Já no interior de residências e edifícios, a radiação ultravioleta pode ser obtida de lâmpadas fluorescentes, ainda que em uma potência muito menor. Essa condição exige maior tempo para realizar todo processo de fotodecomposição de poluentes.

Os dois últimos experimentos deste capítulo tratam justamente da construção de um sistema de iluminação ultravioleta e da aplicação de nanopartículas de TiO_2 na degradação de um corante orgânico por meio da fotocatálise.

Experimento 9.7 (nível intermediário) – Construção de um sistema de luz ultravioleta

Objetivo

Em diversos experimentos de nanotecnologia, faz-se necessária a presença de uma fonte de ultravioleta. Geralmente, esse equipamento é empregado para medidas de fluorescência. Porém, além da área analítica, a luz ultravioleta também pode ser utilizada para outras finalidades, como ativar nanopartículas de dióxido de titânio em experimentos de fotodegradação. Neste experimento, montamos um sistema de luz ultravioleta que pode ser utilizado em experimentos didáticos.

Equipamentos e reagentes

- Lâmpada ultravioleta de 6 W
- Bocal

- Base de madeira ou plástico
- Fios
- Interruptor
- Plugue convencional

Procedimento

Parafuse o bocal em uma base de material isolante. Recomendamos uma base de madeira ou material plástico de 5 cm por 5 cm. Conecte os fios aos bornes do bocal. Um dos fios deve ser interrompido e conectado em um terminal (interruptor). O outro terminal é conectado a outra seção do fio, que termina em um plugue convencional de tomada, como mostrado na Figura 9.6. No final, seu sistema tem o mesmo arranjo do apresentado na Figura 9.7. Após a montagem, a lâmpada pode ser conectada ao bocal.

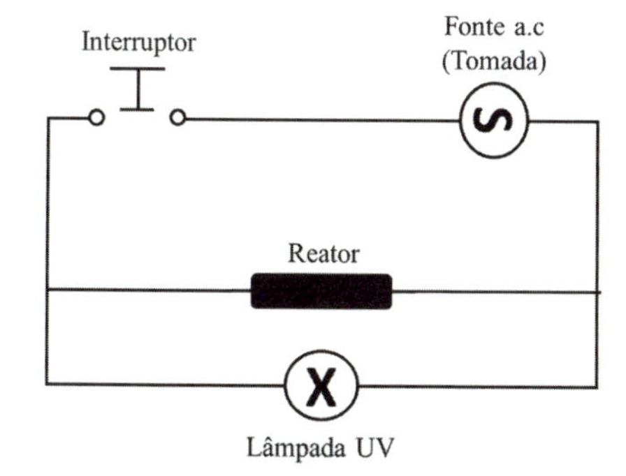

Figura 9.6
Diagrama esquemático do circuito elétrico utilizado na montagem da fonte de luz UV.

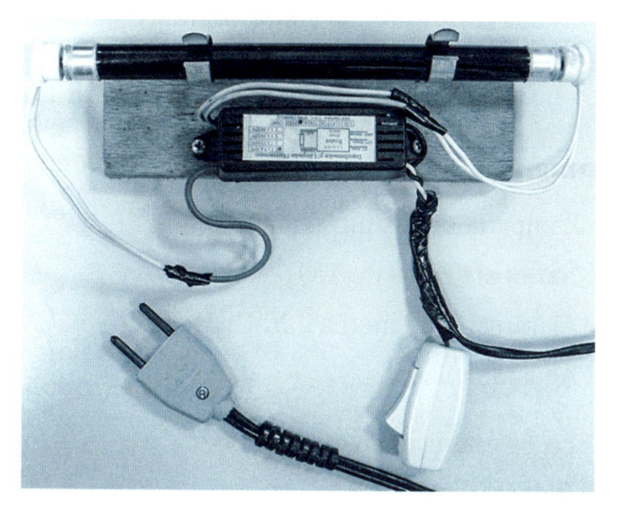

Figura 9.7
Sistema de luz ultravioleta completo montado.

As lâmpadas de luz ultravioleta são conhecidas no comércio como lâmpadas de luz negra e podem ser adquiridas em lojas de material de construção comuns ou de iluminação, com várias especificações e valores de potência. Potências entre 6 W e 10 W são adequadas para a maioria dos experimentos didáticos. Lembre-se de evitar expor os olhos diretamente à fonte; se necessário, utilize óculos de proteção adequados.

Conversando com o leitor

Lembre-se de que a radiação ultravioleta pode ser perigosa. Não devemos olhar diretamente para a lâmpada nem a aproximar (menos de 30 cm) dos olhos, mesmo fechados, pois podem ocasionar danos irreversíveis à retina. Pesquise na literatura as diferentes "faixas" da radiação ultravioleta (UV_A, UV_B etc.) e quais os efeitos biológicos que induzem no corpo humano.

Experimento 9.8 (nível avançado) – Aplicação de nanopartículas de TiO_2 em fotodecomposição

Objetivo

Neste experimento, empregamos o dióxido de titânio na fase anatase para realizar a decomposição fotocatalítica do alaranjado de metila, um corante bastante conhecido, de fácil obtenção e baixo custo.

Equipamentos e reagentes

- Lâmpada de luz ultravioleta
- Nanopartículas de TiO_2
- Alaranjado de metila – $NaC_{14}H_{14}N_3O_3$
- Água destilada

Procedimento

Prepare a suspensão de nanopartículas de TiO_2. Disperse 0,1 g das nanopartículas em 200 mL de água destilada. Acrescente 5 mg de alaranjado de metila e coloque o sistema em agitação mecânica ou magnética. Com cuidado, aproxime o sistema de lâmpada UV dessa mistura. Mantenha sob a incidência de radiação ultravioleta por 15 a 20 minutos. É possível verificar visualmente a decomposição do alaranjado de metila por meio da diminuição da intensidade da cor característica da solução. Pode-se comparar as colorações transferindo alíquotas do sobrenadante para um tubo de ensaio e comparando com a coloração inicial.

Se a obtenção de uma lâmpada ultravioleta não for possível, existe uma alternativa: deixe o sistema em agitação exposto a luz solar, de preferência no horário entre 10 horas e 16 horas.

Caso disponha de um espectrofotômetro, é possível estudar a cinética de degradação do corante. Para isso, retire alíquotas da solução em intervalos regulares de 2 minutos e meça a absorbância em 465 nm (Figura 9.8). Usando a lei de Beer-Lambert, também conhecida como lei de Beer, estime a concentração de alaranjado de metila restante e construa um gráfico que evidencie a cinética da reação. É possível comparar esse processo de cinética com outro realizado nas mesmas condições, porém sem o emprego das nanopartículas de TiO_2. Ao final, avalie as diferenças entre os processos.

A seguir, veja o esquema geral do experimento:

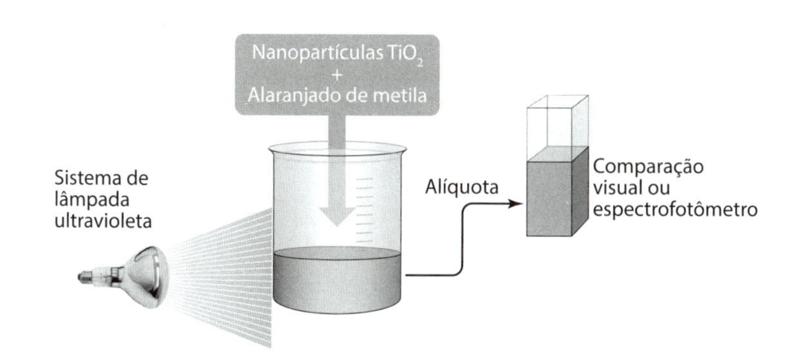

Figura 9.8
Montagem para estudar a cinética da fotodecomposição do alaranjado de metila catalisada por nanopartículas de dióxido de titânio. O sistema reacional é irradiado com luz ultravioleta e as amostras são retiradas em intervalos regulares para serem submetidas a análise em um espectrofotômetro. A variação da absorbância em 465 nm representa um bom parâmetro para acompanhar a cinética da reação, pois é diretamente proporcional à concentração restante de alaranjado de metila na solução.

Conversando com o leitor

Para sua segurança, use luvas para realizar este procedimento e máscara ao pesar pós finos (TiO_2). Não se esqueça de ler as informações de segurança no Apêndice 1.

Procure explicar por que foi necessária a exposição do sistema à radiação ultravioleta para que houvesse a decomposição do alaranjado de metila. Pesquise e tente propor reações químicas que justificam essa degradação do corante via fotocatálise com TiO_2. Busque conhecer um pouco mais sobre janelas autolimpantes e como estão sendo projetadas para a futura construção de grandes arranha-céus. Vale ressaltar que nesses grandes prédios o uso de vidro permite que a luz solar se projete em seu interior, economizando energia; entretanto, o custo da limpeza externa é altíssimo.

CAPÍTULO 10

NANOTECNOLOGIA E ENERGIA

Energia do Sol

Células solares são dispositivos que geram eletricidade a partir da luz. O tipo mais comum é feito de silício. Seu processo de produção é similar ao utilizado para fabricar *chips* de circuitos integrados e processadores. Esse processo, embora bem estabelecido tecnologicamente, é caro e necessita de condições e maquinário especiais, ou seja, não é trivial produzi-lo. A segunda geração de células fotovoltaicas, entretanto, é baseada em dispositivos que utilizam um corante para absorver energia do espectro solar e gerar separação de cargas em um semicondutor. Se esse semicondutor estiver nanoparticulado, a eficiência é muito maior. Embora esse tipo de célula solar – denominada **célula fotoeletroquímica** ou, mais comumente, **célula de Gratzel**, em homenagem ao cientista que a inventou – seja menos eficiente que a versão de silício, é mais barata e muito mais simples de produzir podendo, inclusive, ser obtida em um laboratório comum, sem usar equipamentos sofisticados.

O funcionamento de uma célula fotoeletroquímica pode ser explicado da seguinte maneira: o corante absorve a radiação eletromagnética e passa para um estado excitado, no qual consegue injetar elétrons diretamente na banda de condução do dióxido de titânio nanoparticulado. Esses elétrons, circulando por um circuito externo, conseguem realizar trabalho e depois são coletados no cátodo feito de platina ou carbono. Um eletrólito formado pelo par redox I^-/I_3^- completa o circuito entre esse eletrodo e o corante, cedendo elétrons para a regeneração do corante oxidado. Assim, o sistema torna-se cíclico e pode converter energia solar em eletricidade. A Figura 10.1 ilustra esquematicamente a célula fotoeletroquímica e o processo redox, responsáveis pela geração de energia.

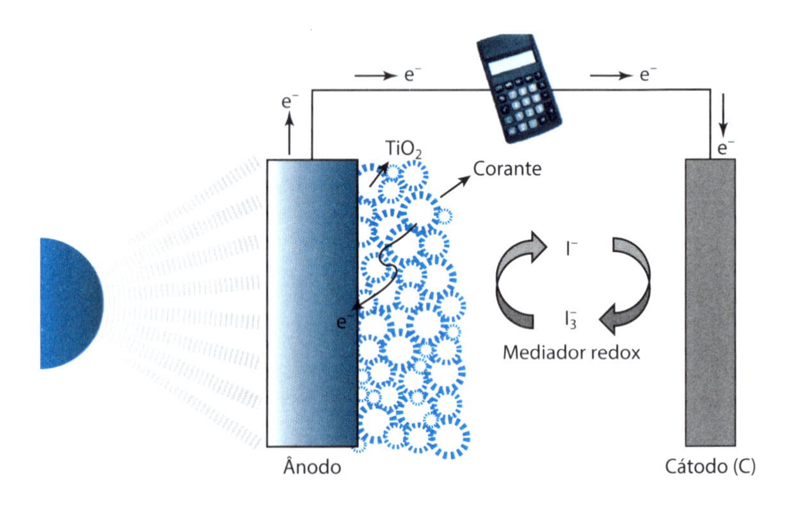

Figura 10.1
Esquema básico de funcionamento de uma célula fotoeletroquímica: o corante, ao ser excitado pela luz, injeta um elétron na banda de condução do TiO_2. Esse elétron é cedido ao cátodo de platina por meio de um circuito externo que pode alimentar um dispositivo, como uma calculadora. Por fim, o mediador redox restabelece todo sistema, sendo reduzido no cátodo e oxidado ao regenerar o corante.

Diversos modelos de célula fotoeletroquímica podem ser construídos, e grupos de pesquisa do mundo inteiro estudam pequenas alterações em eletrólitos, corantes, eletrodos e nanopartículas capazes de fornecer à célula mais rendimento para utilização prática em dispositivos comerciais. Na Figura 10.2, temos um exemplo de uma célula fotoeletroquímica construída por pesquisadores da Universidade de São Paulo (USP).

Figura 10.2
Célula fotoeletroquímica para estudos construída por pesquisadores brasileiros. (Crédito: Dr. Robson Rafael Guimarães e Maria Rosana da Silva).

Agora, você será instruído a construir sua própria célula fotoeletroquímica por meio de um procedimento simplificado descrito no próximo experimento. Em seguida, construirá outro dispositivo que é capaz de gerar energia elétrica, empregando, porém, um princípio completamente diferente da célula de Gratzel.

Experimento 10.1 (nível intermediário) - Construção de uma célula fotoeletroquímica

Objetivo

Neste experimento você vai construir uma célula fotoeletroquímica com um corante natural extraído de uma fruta típica brasileira, o açaí. Depois, vai medir alguns de seus parâmetros elétricos.

Equipamentos e reagentes

- Chapa de aquecimento ou mufla
- Multímetro digital simples
- Lâminas de vidro condutor (FTO)
- Nanopartículas de TiO_2 (comerciais ou sintetizadas previamente)
- Etanol
- Etileno glicol – $C_2H_6O_2$
- Iodeto de potássio – KI
- Iodo molecular – I_2
- Suco de açaí
- Tríton-X ou detergente neutro incolor
- Ácido acético glacial
- Água destilada
- Secador de cabelos
- Almofariz

- Bastão de vidro
- Pipeta
- Béquer
- Pinça
- Grampo de pressão ou selante

Procedimento

Em uma capela de exaustão, prepare a solução de ácido acético diluindo 0,1 mL (100 μL) de ácido acético glacial em 50 mL de água destilada.

Para fazer a pasta de TiO_2, pese 0,5 g de dióxido de titânio nanocristalino comercial e transfira para um almofariz. Em seguida, adicione algumas gotas da solução de ácido acético preparada e macere até formar uma pasta homogênea. Continue acrescentando a solução de ácido acético, gota a gota, até ficar com uma consistência pastosa (glacê). Não utilize força na maceração, pois a pasta pode ficar com uma coloração verde que a tornará inútil. Adicione algumas gotas de tríton-X (ou detergente incolor) e macere para homogeneizar. Faça isso sem colocar muita força no almofariz.

Para preparar a solução de eletrólito KI_3, utilize 10 mL de etileno glicol como solvente e dissolva 0,8 g de KI e 0,12 g de I_2. Misture com um bastão de vidro até obter uma solução homogênea.

Para fazer o ânodo da célula, utilize uma fita adesiva (durex ou fita-crepe) para cobrir dois terços da lâmina de vidro condutor, de modo que a região central fique disponível e as fitas fiquem coladas nas laterais. A pasta de TiO_2 preparada deve ser aplicada do lado condutor do vidro. Para saber qual é o lado condutor, use um multímetro ajustado para leitura de resistência elétrica e meça ambos os lados, aquele que apresentar menor resistência é o lado condutor. Use uma pipeta e aplique 1 mL da pasta de TiO_2 na região descoberta; com um bastão de vidro, arraste o excesso de pasta para fora da lâmina e deixe na parte central (descoberta) uma fina camada da pasta. Este procedimento pode ser observado na Figura 10.3.

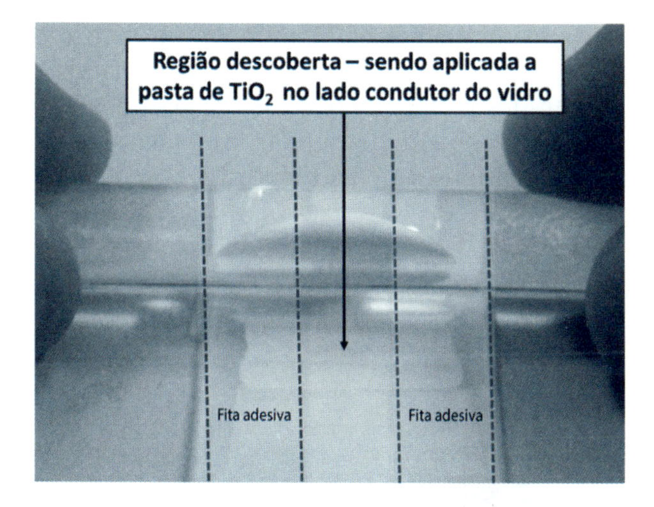

Figura 10.3
Espalhamento da pasta de TiO_2 sobre superfície do vidro condutor. Dois terços do vidro são cobertos por fita adesiva. Um bastão de vidro é empregado para espalhar 1 mL da pasta de TiO_2 sobre a região central da superfície, que não está protegida pela fita adesiva.

Em seguida, retire cuidadosamente as fitas e submeta esse substrato de TiO_2 a um tratamento térmico (sinterização). Para isso, coloque a lâmina em uma mufla, com o lado contendo a pasta virado para cima, e aqueça a 600 °C por 10 minutos. Caso não tenha uma mufla, coloque a lâmina sobre uma chapa de aquecimento (o lado contendo a pasta virado para cima) e ajuste o aquecimento para a temperatura máxima, mantendo essas condições por 20 minutos. A cor deve se tornar ligeiramente mais escura. Depois, retire a lâmina e deixe resfriar até a temperatura ambiente.

Agora, vamos adsorver o corante orgânico. Para isso, prepare um suco concentrado de açaí e reserve-o em um béquer. Com uma pinça, sem tocar a região recoberta por TiO_2, mergulhe a lâmina de vidro nessa solução concentrada de açaí e deixe agir por 5 minutos. Nessa etapa, o TiO_2 deve assumir uma coloração avermelhada, ao adsorver o corante. Após a adsorção, lave a placa com água destilada e, em seguida, com etanol. Com o auxílio de um secador de cabelos, seque bem a placa para eliminar toda umidade. Limpe cuidadosamente com uma espátula as regiões que não possuem TiO_2 depositado.

Para preparar o cátodo da célula, tenha em mãos, uma segunda placa condutora (FTO). Inicie a etapa de limpeza da superfície condutora da lâmina. Use um lápis 6B para "colorir" toda parte condutora da placa, ou seja, é preciso depositar uma camada de grafite sobre ela, de modo que a superfície fique escura.

A próxima etapa consiste em montar a célula fotoeletroquímica. Para isso, coloque em contato os lados condutores preparados previamente e use um grampo de pressão ou um selante adequado para fixar firmemente as duas lâminas, como demonstrado na Figura 10.4.

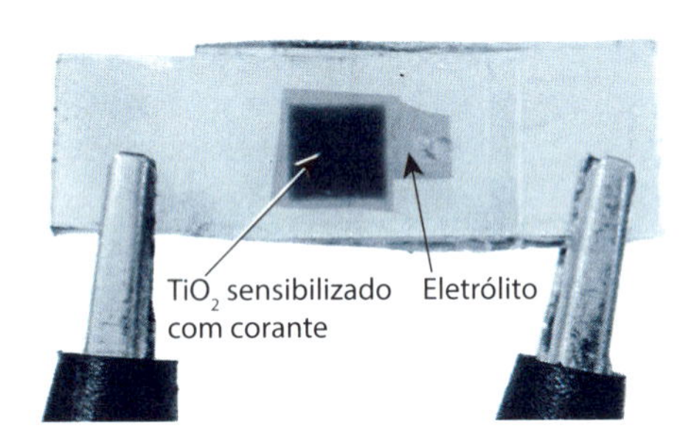

Figura 10.4
Montagem final da célula fotoeletroquímica para realização das medidas elétricas.

Para adicionar o eletrólito, usamos o efeito da capilaridade. Então, adicione duas gotas da solução de tri-iodeto, preparada previamente, na borda da placa. A ação capilar faz a solução penetrar entre as duas placas. É importante lembrar-se de deixar um pequeno espaço na lateral das placas do vidro condutor para realizar o contato elétrico com as garras do multímetro, conforme observado nas Figuras 10.4 e 10.5.

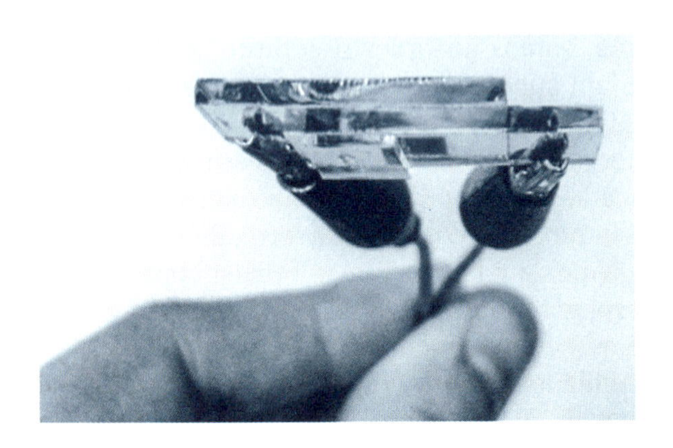

Figura 10.5
Montagem final da célula fotoeletroquímica vista por outro ângulo. Ressaltamos a importância de deixar espaço lateral nas placas para o contato elétrico com as garras a serem conectadas ao multímetro.

Por fim, devemos testar a célula. Usando um multímetro, conecte os grampos (jacarés) às extremidades da célula fotoeletroquímica e ajuste-o na escala de tensão. Verifique se há diferença de tensão quando a célula está no escuro e quando está exposta a luz solar.

Conversando com o leitor

Para sua segurança, use luvas para realizar esse procedimento e máscara ao pesar pós finos (TiO_2). Não se esqueça de ler as informações de segurança no Apêndice 1.

Embora a célula fotoeletroquímica empregue nanopartículas de TiO_2, esse material sozinho não é capaz de garantir um bom desempenho do dispositivo e, por isso, é imprescindível a presença de um corante. Compreenda o mecanismo por detrás do funcionamento da célula fotoeletroquímica. Procure saber mais sobre o papel do corante nesse processo e quais outros corantes estão sendo pesquisados e usados na fabricação desses dispositivos.

Experimento 10.2 (nível intermediário) – Gerador nanomagnético de energia elétrica

Objetivo

Neste experimento, vamos construir um sistema que converte energia mecânica em energia elétrica, empregando um fluido magnético sintetizado previamente.

Equipamentos e reagentes

- Fluido magnético
- Tubo de vidro
- Fio de cobre esmaltado
- Ímã
- Lixa fina
- Fita adesiva ou cola quente
- Rolha

Procedimento

Para executar este procedimento, é necessária uma amostra de fluido magnético. Para obter esse material, leia e execute o Experimento 5.5.

Enrole aproximadamente 3 metros de fio de cobre esmaltado (20 AWG) em volta de um tubo de vidro (tubo de ensaio). Lixe as extremidades do fio com uma lixa fina para expor o cobre metálico e estabelecer contato elétrico. Prenda com cola quente ou fita adesiva um ímã sobre essa bobina, de modo que não possua movimento relativo em relação ao fio de cobre, conforme mostrado na Figura 10.6.

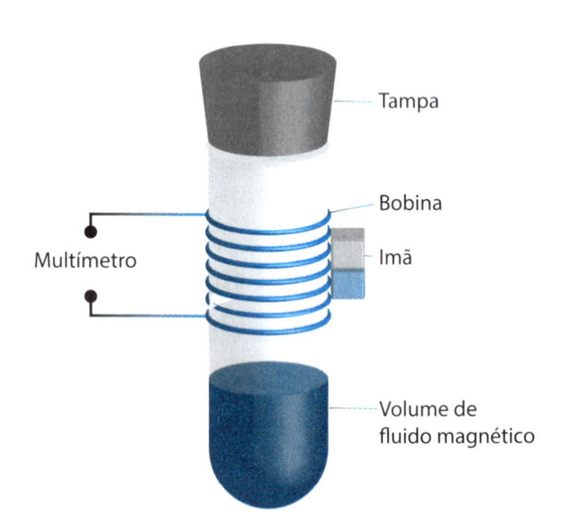

Figura 10.6
Montagem experimental do gerador nanomagnético. Um terço do tubo é preenchido com fluido magnético e uma bobina de fio de cobre esmaltado (24 AWG) é enrolada sobre a região central. Um ímã é fixado sobre a bobina e o tubo é vedado. As extremidades da bobina são conectadas a um multímetro para fazer as medidas elétricas durante a movimentação do fluido no interior do tubo.

Coloque determinado volume de fluido magnético dentro do tubo de vidro, preenchendo metade de seu volume. Tampe bem a outra extremidade com uma rolha impermeável de borracha ou de cortiça revestida com filme plástico). Conecte os terminais do multímetro às pontas do fio da bobina e selecione no painel o modo de leitura de tensão (menor escala possível). Agite o tubo para movimentar o fluido magnético em seu interior, fazendo-o migrar de uma extremidade a outra, ou seja, o fluido magnético ao ser submetido ao campo magnético gerado pelo ímã produz uma tensão induzida, que pode ser detectada no multímetro. Caso visualize esse efeito, está diante de um dispositivo que transforma energia mecânica em energia elétrica.

Conversando com o leitor

Para sua segurança, use luvas para realizar esse procedimento e evite aproximar os ímãs de dispositivos que armazenam dados, como celulares e pen drives.

Neste procedimento, exploramos o movimento de um fluido magnético no interior de um tubo. Esse fluido transporta nanopartículas magnéticas que, ao passar pelo ímã, ficam submetidas à ação de um campo magnético externo. Nesse momento, sabemos que essas nanopartículas estão magnetizadas e em movimento por meio de uma bobina de fio metálico. Como isso pode ser associado à lei de indução elétrica de Faraday? Se fosse necessário aumentar a tensão produzida nos terminais da bobina, que alterações poderiam ser feitas no sistema? Aproveite também para comparar esse sistema de geração de energia elétrica com o descrito anteriormente (célula fotoeletroquímica) e procure listar vantagens e desvantagens de cada um deles em relação a custo, facilidade de construção, necessidade de matéria-prima etc.

REFERÊNCIAS

ANAISSI, F. J. et al. Hybrid polyaniline/bentonite-vanadium(V) oxide nanocomposites. **Materials Science & Engineering**, Lausanne, v. 347, n. 1-2, p. 374-381, abr. 2003.

BROWN, G. H.; WOLKEN, J. J. **Liquid crystals and biological systems**. Nova York: Academic Press, 1979.

CAMPBELL, D. J.; XIA, Y. J. Plasmons: why should we care? **Journal of Chemical Education**, Washington, DC, v. 84, n. 1, p. 91-96, jan. 2007.

CHENG, Y. T. et al. Effects of micro and nano-structures on the self-cleaning behaviour of lotus leaves. **Nanotechnology**, Bristol, v. 17, n. 5, p. 1359-1362, fev. 2006.

CONDOMITTI, U. et al. Magnetic coupled electrochemistry: exploring the use of superparamagnetic nanoparticles for capturing, transporting and concentrating trace amounts of analytes. **Electrochemistry Communications**, New York, v. 13, n. 1, p. 72-74, jan. 2011.

CONDOMITTI, U. et al. Silver recovery using electrochemically active magnetite coated carbon particles. **Hydrometallurgy**, Amsterdam, v. 147-148, p. 241-245, ago. 2014.

CONDOMITTI, U. et al. Superparamagnetic carbon electrodes: a versatile approach for performing magnetic coupled electrochemical analysis of mercury ions. **Electroanalysis**, Weinheim, v. 23, n. 11, p. 2569-2573, set. 2011.

COSTA, A. C. F. M. et al. Síntese e caracterização de nanopartículas de TiO_2. **Cerâmica**, São Paulo, v. 52, p. 255-259, 2006.

GREEN, D. L. et al. Size, volume fraction, and nucleation of Stober silica nanoparticles. **Journal of Colloid and Interface Science**, San Diego, v. 266, n. 2, p. 346-358, out. 2003.

HOSONO, E. et al. Superhydrophobic perpendicular nanopin film by the bottom up process. **Journal of the American Chemical Society**, Washington, DC, v. 127, n. 39, p. 13458-13459, ago. 2005.

KROTO, H. W. et al. C60: Buckminsterfullerene. **Nature**, London, v. 318, p. 162-163, nov. 2005.

MATLACK, A. S. **Introduction to green chemistry**. New York: Marcel Dekker, 2001.

MOORES, A; GOETTMANN, F. The plasmon band in noble metal nanoparticles: an introduction to theory and applications. **New Journal of Chemistry**, Paris, v. 30, n. 8, p. 1121-1132, jun. 2006.

O'REGAN, B.; GRÄTZEL, G. M. A low-cost, high-efficiency solar cell based on dye-sensitized colloidal TiO_2 films. **Nature**, London, v. 353, p. 737-740, out. 1991.

PARK, J. et al. Ultra-large-scale syntheses of monodisperse nanocrystals. **Nature Materials**, London, v. 3, n. 12, p. 891-895, nov. 2004.

PÉREZ, J. M.; ESTEVE-TÉBAR, R. Pigment identification in Greek pottery by Raman microspectroscopy. **Archaeometry**, Oxford, v. 46, n. 4, p. 607-614, nov. 2004.

PHILIP, J.; REID, B. F.; DANIEL, R. G. A simple ZnO nanocrystal synthesis illustrating three-dimensional quantum confinement. **Journal of Chemical Education**, Easton, v. 91, n. 2, p. 280-282, 2014.

QUINTEN, M. The color of finely dispersed nanoparticles. **Journal of Applied Physics**, New York, v. B73, p. 317-326, 2001.

SHARMA, V. K.; YNGARD, R. A.; LIN, Y. Silver nanoparticles: green synthesis and their antimicrobial activities. **Advances in Colloid and Interface Science**, Amsterdam, v. 145, n. 1-2, p. 83-96, jan. 2009.

SILVA, D. G. et al. Direct synthesis of magnetite nanoparticles from iron(II) carboxymethylcellulose and their performance as NMR contrast agents. **Journal of Magnetism and Magnetic Materials**, Amsterdam, v. 397, p. 28-32, jan. 2016.

STANKOVICH, S. et al. Graphene-based composite materials. **Nature**, London, v. 442, p. 282-286, jul. 2006.

STEFFE, J. F. **Rheological methods in food process engineering**. East Lansing: Freeman Press, 1996.

STOBER, W.; FINK, A.; BOHN, E. Controlled growth of monodisperse silica spheres in micron size range. **Journal of Colloid and Interface Science**, San Diego, v. 26, n. 1, p. 62-69, 1968.

TASCA, R. A. et al. Desenvolvendo habilidades e conceitos de nanotecnologia no Ensino Médio por meio de experimento didático envolvendo preparação e aplicação de nanopartículas superparamagnéticas. **Química Nova na Escola**, São Paulo, v. 37, n. 3, p. 236-240, 2015.

TOMA, H. E. Magnetic nanohydrometallurgy: a nanotechnological approach to elemental sustainability. **Green Chemistry**, Cambridge, v. 17, n. 4, p. 2027-2041, 2015.

________. **Nanotecnologia molecular: materiais e dispositivos**. São Paulo: Blucher, 2016.

TURKEVICH, J. Historical and preparative aspects, morphology and structure. **Gold Bulletin**, Marshalltown, v. 18, n. 3, p. 86-91, 1985.

________. Colour, coagulation, adhesion, alloying and catalytic properties. **Gold Bulletin**, Marshalltown, v. 18, n. 4, p. 125-131, nov. 1985.

APÊNDICE 1

SEGURANÇA EM LABORATÓRIO DE NANOTECNOLOGIA

Um laboratório pode ser compreendido como um local de grande importância, e geralmente indispensável, em instituições de ensino, pesquisa e indústrias. Entretanto, a despeito desse papel de destaque no ensino e no desenvolvimento de atividades científicas, os laboratórios possuem riscos intrínsecos por conta das atividades neles desenvolvidas. Apenas para ilustrar alguns desses riscos, podemos citar exposição a agentes tóxicos e corrosivos e possibilidade de queimaduras, incêndios e explosões etc. Apesar dos riscos, a esmagadora maioria dos acidentes em laboratório ocorre por falta de conhecimento de normas de segurança ou negligência.

A seguir, procuramos destacar os principais equipamentos e normas para realizar um trabalho seguro e tranquilo em um laboratório de nanotecnologia.

Equipamentos de segurança

Os equipamentos de segurança são projetados para evitar ou minimizar acidentes. Os equipamentos de proteção individual (EPIs) mais usados para prevenção da integridade física do indivíduo são: óculos, máscaras, luvas e aventais. Existem também equipamentos de proteção coletiva (EPCs), que protegem todos aqueles que trabalham no local; são eles: capelas, exaustores, chuveiros de emergência e extintores de incêndio.

É recomendado utilizar sempre os EPIs básicos (óculos, luvas e avental) ao realizar qualquer trabalho no laboratório. Outros EPIs complementares devem ser usados de acordo com a necessidade (máscara de gases, por exemplo). Já os EPCs devem estar sempre disponíveis e prontos para uso. Alguns, como capela de exaustão, são utilizados com maior frequência.

Normas gerais de segurança

A seguir, apresentamos as normas gerais de segurança a serem adotadas em laboratórios.

- É proibido fumar, comer e beber.
- Não é permitido trabalhar sozinho.
- Não é permitido brincar.
- Em caso de acidente, professor, orientador ou pesquisador deve ser procurado imediatamente, mesmo que não haja danos pessoais nem materiais.
- Cabelos longos devem estar sempre presos ao realizar qualquer experiência dentro do laboratório.
- Bolsas, agasalhos e qualquer material estranho ao trabalho não devem ser colocados sobre a bancada.
- Trabalhe sempre com calçado fechado e nunca use sandálias.
- Luvas de proteção apropriadas devem sempre ser usadas ao manusear substâncias agressivas para a pele ou que sejam absorvidas por via cutânea.
- Não é permitido pipetar líquidos diretamente com a boca.
- Saiba a localização de chuveiros de emergência, extintores de incêndio e lavadores de olhos e aprenda a utilizá-los.
- Antes de usar qualquer reagente, leia cuidadosamente o rótulo do frasco para ter certeza de que aquele é o reagente desejado.
- Leia sempre o manual de instruções antes de utilizar um aparelho pela primeira vez.

- Informe sempre seus colegas quando for efetuar uma experiência potencialmente perigosa.
- Não abandone seu experimento, principalmente à noite, sem identificação.
- Aprenda a usar EPIs e EPCs disponíveis no laboratório e use-os corretamente (luvas, máscaras, óculos, aventais, sapatos, capacetes, capelas, blindagens etc.).
- Informe-se sobre tipos e usos de extintores de incêndio e saiba sua localização.
- Conheça as propriedades tóxicas das substâncias químicas antes de empregá-las pela primeira vez no laboratório.
- Não é permitido deixar frascos contendo solventes inflamáveis (acetona, álcool, éter, por exemplo) perto de chamas.
- Não é permitido colocar material sólido em pias e ralos.
- Não é permitido descartar resíduos de solventes em pias e ralos. Siga as instruções do laboratório para descartar agentes biológicos, substâncias químicas e radioativas, resíduos e lixo. Informe-se sobre os procedimentos com as comissões pertinentes.
- Não é permitido testar o sabor de um produto químico.
- Não é aconselhável testar o odor de um produto químico. Entretanto, caso seja necessário, não coloque o frasco sob o nariz. Desloque os vapores que se desprendem do frasco com movimentos suaves da mão em sua direção.
- No caso de derramamento de algum ácido ou produto químico, limpe o local imediatamente.
- Abra os frascos o mais longe possível do rosto e evite aspirar ar nesse momento.
- Dedique especial atenção a qualquer operação que necessite de aquecimento prolongado ou que libere grande quantidade de energia.
- Ao sair do laboratório, verifique se não há torneiras (água ou gás) abertas.

- A capela deve ser utilizada sempre que efetuar uma reação ou manipular reagentes que liberem vapores.
- Lixo comum, vidros quebrados e outros materiais perfurocortantes devem ser acondicionados em recipientes separados.
- Frascos vazios de solventes e reagentes devem ser limpos e enviados para descarte.
- Não aqueça líquidos inflamáveis com a chama de um bico de Bunsen.
- Não deixe muflas, chapas e mantas aquecedoras ligadas sem o aviso: "LIGADA".
- Utilize chapas ou sistemas de aquecimento para evaporação ou refluxo dentro da capela.
- Não abra bruscamente a porta da mufla quando estiver aquecida.
- Para calcinação, empregue apenas cadinhos ou cápsulas de material resistente à temperatura de trabalho.
- Não faça vácuo rapidamente em equipamentos de vidro.
- Nunca inicie um trabalho que exige aquecimento sem antes remover os produtos inflamáveis da capela.
- Nunca coloque o rosto dentro da capela.
- Não utilize material de vidro se estiver trincado.
- Proteja as mãos (com luvas de amianto, de preferência) quando for necessário manipular peças de vidro que estejam quentes.
- Use luvas grossas (de raspa de couro) e óculos de proteção sempre que atravessar ou remover tubos de vidro ou termômetros em rolhas de borracha ou cortiça; remover tampas de vidro emperradas; remover cacos de vidro de superfícies usando, também, pá de lixo e vassoura.
- Não pressurize recipientes de vidro sem conhecer sua resistência.

Princípios de descarte de resíduos

Os rejeitos devem ser coletados em recipientes adequados, levando-se em consideração a incompatibilidade dos recipientes com a natureza química do rejeito. Nunca misture substâncias que possam reagir entre si. Por exemplo, solventes orgânicos clorados e não clorados, solventes orgânicos e ácidos, material orgânico e inorgânico etc.

Todos os frascos devem ser acondicionados em caixas de papelão. Certifique-se de que não há incompatibilidade química entre os componentes.

Todo material a ser descartado deve ter um rótulo contendo nome da unidade, departamento, nome do laboratório, nome do responsável, composição química qualitativa e data de armazenamento. Essas informações podem ser úteis em casos de necessidade de informações adicionais.

Para recolher rejeitos químicos, devem ser utilizados recipientes de vidro ou de plástico resistentes e que estejam em perfeitas condições, principalmente com relação à vedação. Evite frascos que apresentem vazamentos.

Os frascos de resíduos devem permanecer sempre tampados.

Nunca armazene frascos de resíduos na capela.

Nunca utilize embalagens metálicas para resíduos. Mesmo próximo da neutralidade, sólidos e líquidos podem corroer facilmente esse tipo de embalagem.

Os resíduos de nanopartículas devem ser contidos em embalagens específicas, etiquetadas e armazenadas em local exclusivo, para posterior descarte por meios legalmente seguros.

APÊNDICE 2

NANOTECNOLOGIA NA INTERNET

A lista de endereços eletrônicos a seguir é destinada a leitores que querem se aprofundar no assunto navegando pela internet. Nesses endereços de sites e blogs, é possível encontrar informações sobre nanotecnologia, artigos teóricos, experiências, eventos e assuntos correlatos.

olharnano.com – Site sobre nanotecnologia. Apresenta notícias, textos teóricos e experimentos didáticos.

usp.br/napnn – Site do Núcleo de Apoio à Pesquisa em Nanotecnologia e Nanociências (NAP-NN) da Universidade de São Paulo (USP). Nele, é possível encontrar notícias, datas de eventos, congressos e pesquisas recentes publicadas pelos membros do NAP-NN.

mct.gov.br – Site do Ministério da Ciência, Tecnologia e Inovação conta com uma página dedicada à veiculação de notícias e iniciativas governamentais na área da nanotecnologia.

nanolei.blogspot.com.br/ – Blog com informações sobre nanotecnologia e legislação.

lnnano.cnpem.br – Site do laboratório nacional de nanotecnologia (LNNano), que divulga notícias, artigos, pesquisas recentes e datas de congressos.

canano.wix.com/site#! – Site do Centro Acadêmico de Nanotecnologia (CANano) da Universidade Federal do Rio de Janeiro (UFRJ) destaca eventos de nanotecnologia na universidade, pesquisas e notícias.

lqes.iqm.unicamp.br/canal_cientifico/lqes_news/lqes_news.html – Site informativo e bastante completo sobre materiais e nanotecnologia.

APÊNDICE 3

FULLERENO EM TAMANHO EXPANDIDO

Na página seguinte, você pode ver uma imagem expandida do fullereno. A imagem também está disponível no link do livro no site da editora: www.blucher.com.br.

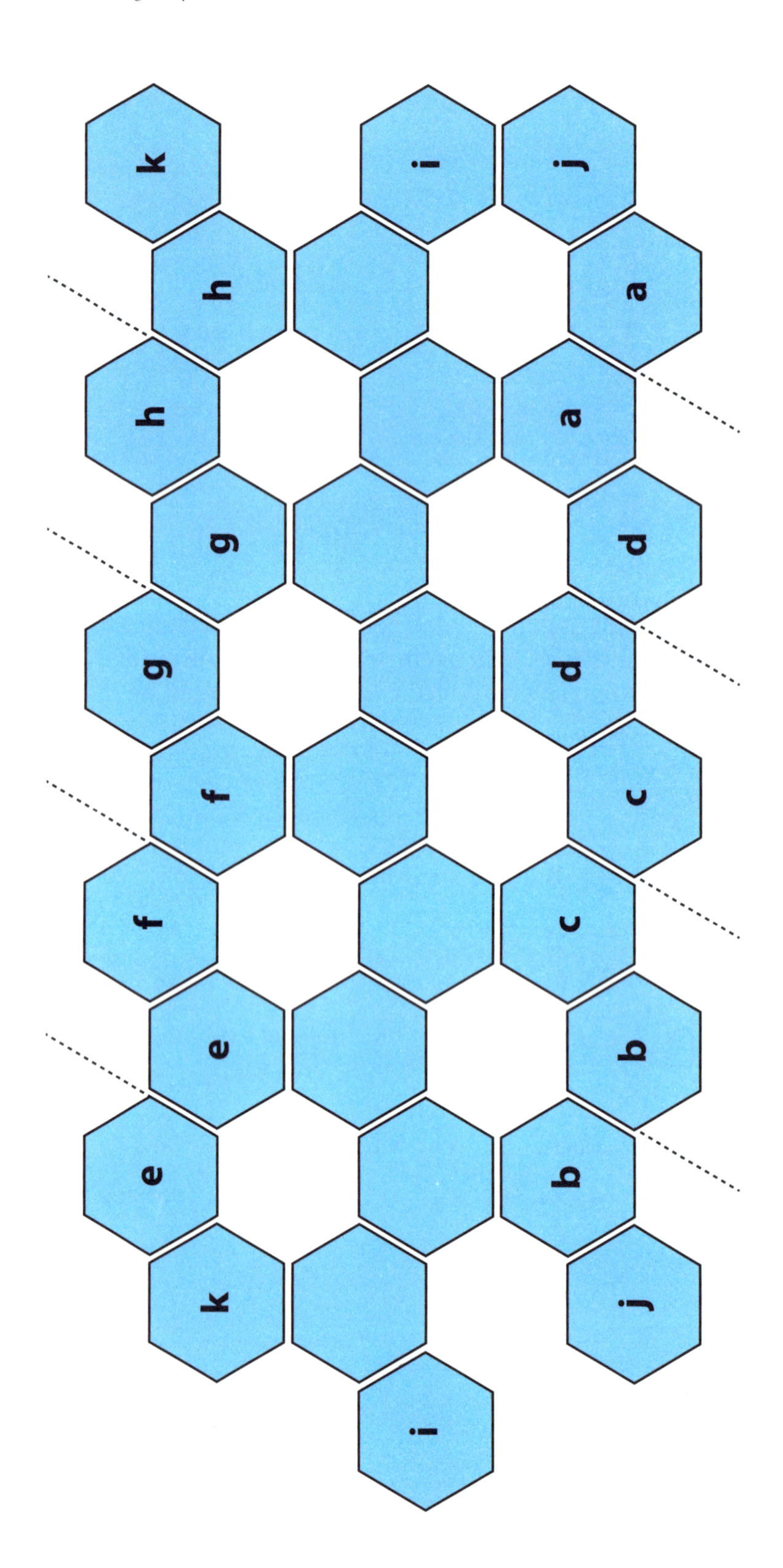
k
i
j
h
a
h
a
g
d
g
d
f
c
f
c
e
b
e
b
k
j
i

APÊNDICE 4

TABELA PERIÓDICA

Metais de transição

1	2	3	4	5	6	7	8	9	10	11	12	13	14	15	16	17	18
1 H 1.008																	2 He 4.003
3 Li 6.941	4 Be 9.012											5 B 10.81	6 C 12.01	7 N 14.00	8 O 15.99	9 F 18.99	10 Ne 20.18
11 Na 22.99	12 Mg 24.30											13 Al 26.98	14 Si 28.08	15 P 30.97	16 S 32.06	17 Cl 35.45	18 Ar 39.94
19 K 39.09	20 Ca 40.07	21 Sc 44.95	22 Ti 47.86	23 V 50.94	24 Cr 51.99	25 Mn 54.93	26 Fe 55.84	27 Co 58.93	28 Ni 58.69	29 Cu 63.54	30 Zn 65.54	31 Ga 69.72	32 Ge 72.61	33 As 74.92	34 Se 78.96	35 Br 79.90	36 Kr 83.80
37 Rb 85.46	38 Sr 87.62	39 Y 88.90	40 Zr 91.22	41 Nb 92.90	42 Mo 95.94	43 Tc 97,90	44 Ru 101.0	45 Rh 102.9	46 Pd 106.4	47 Ag 107.8	48 Cd 112.4	49 In 114.8	50 Sn 118.7	51 Sb 121.7	52 Te 127.7	53 I 126.9	54 Xe 131.2
55 Cs 132.9	56 Ba 137.3	57 La 138.9	72 Hf 178.4	73 Ta 180.9	74 W 183.8	75 Re 186.2	76 Os 190.2	77 Ir 192.2	78 Pt 195.0	79 Au 196.9	80 Hg 200.5	81 Tl 204.3	82 Pb 207.2	83 Bi 208.9	84 Po 208,9	85 At 209,9	86 Rn 222,0
87 Fr 223,0	88 Ra 226,0	89 Ac 227,0	104 Rf 261,1	105 Db 262,1	106 Sg 266,1	107 Bh 264,1	108 Hs 265	109 Mt 266	110 Ds 268	111 Rg 272	112 Cn 277	113 Uut 284	114 Fl 289	115 Uup 288	116 Lv 292	117 Uus 288	118 Uuo 294

Lantanídios	58 Ce 140.1	59 Pr 140.9	60 Nd 144.2	61 Pm 144,1	62 Sm 150.3	63 Eu 151.9	64 Gd 157.2	65 Tb 158.9	66 Dy 162.5	67 Ho 164.9	68 Er 167.2	69 Tm 168.9	70 Yb 173.0	71 Lu 174.9
Actinídios	90 Th 232.0	91 Pa 231.0	92 U 238.0	93 Np 237,0	94 Pu 244,0	95 Am 243,0	96 Cm 247,0	97 Bk 247,0	98 Cf 251,0	99 Es 252,0	100 Fm 257,0	101 Md 258,1	102 No 259,1	103 Lr 262,1